普通高等学校“十三五”精品规划教材

Web程序设计实践

袁 军 郑添键 卢 玉 司永洁 编 著

西南交通大学出版社
·成 都·

图书在版编目（C I P）数据

Web 程序设计实践 / 袁军等编著. —成都：西南交通大学出版社，2019.1
ISBN 978-7-5643-6751-0

Ⅰ. ①W… Ⅱ. ①袁… Ⅲ. ①网页制作工具 – 程序设计 – 高等职业教育 – 教材 Ⅳ. ①TP393.092.2

中国版本图书馆 CIP 数据核字（2019）第 021326 号

Web Chengxu Sheji Shijian
Web 程序设计实践

袁 军 郑添键 卢 玉 司永洁 编著

责任编辑 李华宇
封面设计 原谋书装

出版发行 西南交通大学出版社
（四川省成都市金牛区二环路北一段 111 号
西南交通大学创新大厦 21 楼）
邮政编码 610031
发行部电话 028-87600564 028-87600533
官网 http://www.xnjdcbs.com
印刷 成都中永印务有限责任公司

成品尺寸 185 mm × 260 mm
印张 15
字数 319 千
版次 2019 年 1 月第 1 版
印次 2019 年 1 月第 1 次
定价 39.00 元
书号 ISBN 978-7-5643-6751-0

课件咨询电话：028-87600533
图书如有印装质量问题 本社负责退换

前　言

随着计算机和网络的普及，应用程序开发逐渐转向以 B/S 架构的程序为主，原有 C/S 架构的程序开发越来越少，由于 B/S 架构的程序对客户端（除浏览器外），几乎没有要求，因而又称为瘦客户端应用程序；而 C/S 架构程序需要开发服务器端与客户端程序，并要求用户安装客户端程序，通过网络与服务器端通信才能使用，其中 QQ 程序是最典型的例子。实现 Web 程序的开发设计，要求开发者具备静态网页设计语言基础（HTML）、客户端脚本编程基础（JavaScript）、动态网页设计基础（ASP 或 JSP 或 PHP）等知识。

虽然现有不少出版社已出版了许多《Web 程序设计》或《网络程序设计》等教材，对大专院校计算机及相关专业学生学习 B/S 架构的程序带来了积极帮助，推动了国内网络程序设计技术的发展，但这些教材有的出版时间较久远，示例代码缺乏新意；有的示例代码错误较多，学生参照书中代码输入计算机后，要修改诸多错误才能运行，这严重影响了学生对课程学习的积极性，也给教师备课带来了不少的困扰。

Web 系统开发涉及的主要技术或开发工具有 HTML、Dreamweaver、JavaScript、ASP，本书在对这 4 个部分的基础知识进行简要介绍的基础上，重点编写了这 4 个部分的实验内容，为从事网络程序设计课程教学的教师提供了一本内容翔实、代码完整的实验指导书，解决了现有教材实践环节内容较为陈旧、代码不完整、难以激发学生学习兴趣的问题，同时也为相应课程的自学者提供了一本实验内容详尽的学习指南。本书共分为 8 章：第 1 章至第 4 章讲述了网页基础 HTML 及网页开发主流工具 Dreamweaver；第 5 章和第 6 章介绍了 JavaScript 脚本语言；第 7 章和第 8 章介绍了 ASP 动态网页技术，如 ASP 内置对象、ASP 数据库处理等。本书注重基础，讲究实用，适合作为大专院校网络程序设计课程的教材，也可作为网络程序设计人员的参考用书。

本书由黔南民族师范学院袁军、郑添键、卢玉、司永洁编著，由于作者水平有限，书中难免存在不足之处，衷心希望广大读者批评指正。

作　者

2018 年 11 月

目 录

第 1 章　HTML 语言

1.1　HTML 基础知识

1.1.1　HTML 文档结构

HTML 文档最外层标签是<html>……</html>，其中包含文档头 head 和文档体 body 两部分。在文档头<head>……</head>中，可对文档进行一些必要的定义，如网页标题、关键词、描述、样式等；文档体<body>……</body>中的内容就是网页的主要元素，是在浏览器中要显示的部分。HTML 文档结构如图 1-1 所示。

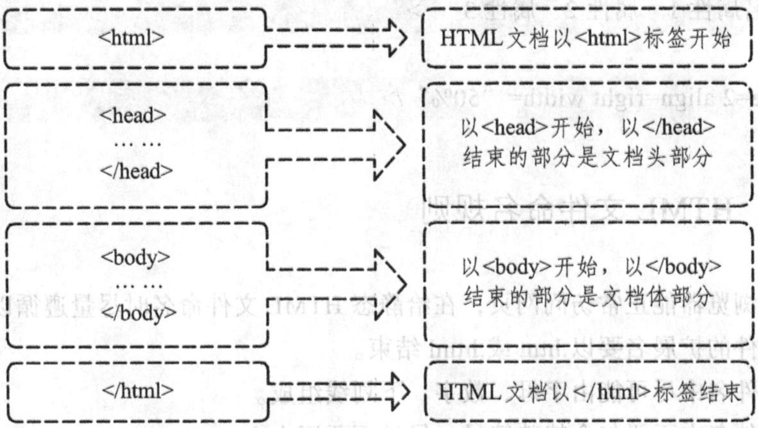

图 1-1　HTML 文档结构

1.1.2　HTML 标记语法

HTML 将用于描述功能的符号称为标记（又称标签）。例如，<html>、<head>、<title>、<body>、<table>等，都是标记，<html>标记表示 HTML 文档的开始。标记在使用时用尖括号“<>”括起来，有些标记必须成对出现，以开头无斜杠的标记（如<html>）开始，以有斜杠的标记（如</html>）结束。

（1）单标记。

语法：

```
<标记名/>
```

举例：

```
<br/>、<hr/>、<img/>  <input/>
```

（2）双标记。

语法：

```
<标记名>内容</标记名>
```

举例：

```
<b>这里是双标记</b>
```

下面这样是错误的：

```
<b> <i>这里是双标记</b> </i>
```

1.1.3 属性语法

大多数单标记和双标记的始标记内都可以包含一些属性，其语法是：

```
<标记名属性 1  属性 2  属性 3 …>
```

举例：

```
<hr size=2 align=right width=“50%”/>
```

1.1.4 HTML 文件命名规则

为了使浏览器能正常访问网页，在给静态 HTML 文件命名时尽量遵循以下规则：

（1）文件的扩展名要以.htm 或.html 结束。

（2）文件名中尽可能由字母、数字、下划线组成。

（3）文件名中不要包含特殊符号，尽量不要用中文。

（4）网站首页文件名默认是 index.html 或 index.htm。

1.1.5 编写 HTML 文档注意事项

（1）所有标记都用一对“<>”括起来，这样浏览器就可以知道，尖括号的标记是 HTML 命令。

（2）对于双标记，在输入完起始标记后，接着输入完结束标记，以免遗漏。

（3）在代码中，不区分大小写。例如，将<body>写成<BODY>或<Body>都可以。

任何空格或回车在代码中都无效，插入空格或回车有专用的标记，分别是 、
。

标记中不要出现空格，否则浏览器可能无法识别，出现异常，如将<title>写成< title>。

1.1.6　头部标记

在 HTML 文件中，<head></head>标签之间是头部内容，通常包含网页标题、CSS 样式和元素信息标签等，用来对文档进行一些必要的定义，正常情况 HTML 中的头部内容不直接在网页上显示。常用头部标记及含义如表 1-1 所示。

表 1-1　常用头部标记及含义

标记名	含　义
<title>	定义 HTML 文件标题，即显示于浏览器标题栏的内容
<meta>	“元”标记，位于<head>和<title>标记之间，定义文档字符集、关键字等网页信息
<style>	定义 CSS 层叠样式表的内容
<link>	定义对外部文件的链接
<script>	定义页面中程序脚本的内容

<meta>标记的属性及含义如表 1-2 所示。

表 1-2　<meta>标记属性及含义

属性名	属性值	描　述
name	Keywords	定义页面的关键词，关键词之间用英文逗号“,”隔开
	description	定义页面的描述内容，但不要过长，否则搜索引擎会以“…”省略
	robots	robots 用来告诉搜索引擎页面是否允许索引与查询，content 的参数有 all、none、index、noindex、follow、nofollow。默认是 all
	author	标注网页的作者
http-equiv	content-type	设定页面使用的字符集
	refresh	自动刷新并转到新页面
	set-cookie	设置页面缓存过期时间。如果网页过期，那么存盘的 cookie 将被删除
	expires	用于设定网页的到期时间。网页过期时，必须从服务器上重新加载页面内容
content	text	内容文本，用于描述 name 或 http-equiv 属性的相关内容

1.1.7 体部标记

在 HTML 文件中，<body></body>标签之间是主体内容，该部分内容显示在网页上。通常包含文字与段落控制标记、列表、超链接、图片与多媒体、表格、框架、表单和预定义格式标记等，用来在网页中插入文本、表格、超链接、多媒体等各类对象，以及网页排版等。body 标记的属性及含义如表 1-3 所示。

表 1-3 body 标记属性

属性名	取值	含 义
bgcolor	颜色值	页面背景颜色
text	颜色值	文字的颜色
link	颜色值	待链接的超链接对象的颜色
alink	颜色值	链接中的超链接对象的颜色
vlink	颜色值	已链接的超链接对象的颜色
background	图像文件名	页面的背景图像
topmargin	整数	页面显示区距窗口上边框的距离，以像素点为单位
leftmargin	整数	页面显示区距窗口左边框的距离，以像素点为单位

1.2 HTML 基本标记

1.2.1 文本与段落控制标记

文字显示属性主要有字体、字号、颜色，段落控制显示对象的分段。常用的文字显示和段落控制标记如表 1-4 所示。

表 1-4 常用的文字显示和段落控制标记

标记名	含 义
<font></font>	以属性 face、size、color 控制字体、字号、字颜色的显示特性
<I></I>	斜体
<B></B>	粗体
<U></U>	加下划线
	下标
	上标
<big></big>	大字体

续表

标记名	含　义
<small></small>	小字体
<h1> ~ <h6>	标题格式，数字越大，显示的标题字越小
<p></p>	分段标记，属性有 align：left——左对齐；center——居中对齐；right——右对齐
<div></div>	块容器标记，其中的内容是一个独立段落
<hr>	分隔线（水平线），属性有 width（线的宽度）、color（线的颜色）
 	换行
<center></center>	居中显示
<address>	设置地址文本，将地址信息突出显示
<pre>	预格式化，保留代码中的排版格式
<blockquote>	设置段落缩进

1.2.2　特殊字符

在页面中，有些字符不能直接使用，只能通过引用的方式实现；如版权字符“©”等，需要通过特殊编码进行引用，又称为“字符实现”。在页面中引用字符实体时，通常以“&”符号开头，以分号“;”结尾。常见的实体引用如表 1-5 所示。

表 1-5　常见的实体引用

特殊字符	实体引用	特殊字符	实体引用
双引号（"）	"	左箭头（←）	←
&号	&	上箭头（↑）	↑
空格		右箭头（→）	→
小于号（<）	<	下箭头（↓）	↓
大于号（>）	>	左右箭头（↔）	↔
小于等于（≤）	≤	左下箭头（↵）	↵
大于等于（≥）	≥	左双箭头（⇐）	⇐
版权号（©）	©	上双箭头（⇑）	⇑
商标符号（™）	™	右双箭头（⇒）	⇒
注册商标（®）	®	下双箭头（⇓）	⇓
分数（¼）	¼	交集（∩）	∩
分数（½）	½	并集（∪）	∪

1.2.3 列　表

在 HTML 文件中，列表是使用最为频繁的标记之一，如新闻列表、导航菜单、图文混排等都经常用到列表标记，列表之间可以任意嵌套。常用的列表标记及含义如表 1-6 所示。

表 1-6　列表标记及含义

标记名	语　法	属性	描　述	属性值	
<ul>	无序列表： <ul> <li>项目 1</li> <li>项目 2</li> …… </ul>	type	设置前导符	1	前导符为数字 1、2、3……
				a	前导符为小写字母 a、b、c……
				A	前导符为大写字母 A、B、C……
				i	前导符为小写罗马数字 i、ii、iii……
				I	前导符为大写罗马数字 Ⅰ、Ⅱ、Ⅲ……
		start	设置起始编号	value	默认情况下，有序列表从数字 1 开始编号； 无论列表的编号是数据、英文字母还是罗马数字，value 值都是需要起始的数字
<ol>	有序列表： <ol> <li>项目 1</li> <li>项目 2</li> …… </ol>	type	设置前导符	disc	前导符为●（默认前导符）
				circle	前导符为□
				square	前导符为■
<dl>	定义列表： <dl> <dt>名称 1</dt> <dd 说明 1</dd> <dt>名称 2</dt> <dd 说明 2</dd> …… </dl>				

1.2.4 超链接

超链接可实现网页之间的跳转，基本语法格式：

```
<a href="URL 信息">超链接文本或图像</a>
```

<a> </a>标记的常用属性及含义如表 1-7 所示。

表 1-7　<a> </a>标记的常用属性及含义

属性名	含　义
href	必备属性，超链接的目标 URL，分两种情况： （1）目标在本主机，使用相对 URL （2）目标在另外的主机或采用非 HTTP 协议，使用绝对 URL
name	实现页面内部的超链接 定义锚点：<a name="锚点名">超链接文本或图像</a> 转到锚点：<a href="#锚点名">超链接文本或图像</a>
target	目标页面显示的窗口，可取值为_blank、_top、框架名

1.2.5　图　片

<img/>标记用来插入图片，其基本语法格式：

<img src=“图片地址”/>

<img/ >标记的常用属性及含义如表 1-8 所示。

表 1-8　<img/>标记的常用属性及含义

属性名	含　义
src	该属性值必须指明，指明图像文件的地址。值可以是一个本地文件名或一个 URL 形式，如 ttp://member.shangdu.net/images/logo.gif
alt	图片无法显示时的替代文本
title	图片标题，鼠标移至该图像区域时，以一个小标签显示该属性值
border	指明图像边框的粗细，值为整数。若为 0，表示无边框；值越大，边框越粗
width	图像宽度，值为整数，单位为屏幕像素点数。若不指出该属性值，则浏览器默认按图像的实际尺寸显示
height	图像高度，值为整数，单位为屏幕像素点数。若不指出该属性值，则浏览器默认按图像的实际尺寸显示
align	设置对齐方式，如 top、bottom、middle、left、right
hspac	设置图片与相邻对象之间的水平间距
vspace	设置图片与相邻对象之间的垂直间距

1.2.6　多媒体

常用的多媒体标记有<embed>、<marquee>和<bgsound>。

（1）<embed></embed>标记用来插入音频、视频及 flash 等多媒体内容。基本语法：

```
<embed src="url“ width="value" height="value"
autostart="true|false“    loop= "true|false">
</embed>
```

<embed></ embed >标记的常用属性及含义如表 1-9 所示。

表 1-9　<embed> 标记的常用属性及含义

属性名	含　义
src	该属性值必须指明，指明插入多媒体文件的地址，该值可为音频、视频、flash 类型文件地址
autostart	设置多媒体文件的自动播放，取值：true 和 false，true 表示在打开网页时自动播放多媒体文件；false 是默认值，表示打开网页时不自动播放
loop	设置多媒体文件的循环播放，取值：true 和 false，true 表示多媒体文件将无限循环播放；false 是默认值，表示多媒体文件只播放一次
align	设置嵌入式对象在文档中相对周围内容的位置，取值：left、right、center、top 等
width	设置多媒体文件的宽度，单位为屏幕像素点数
height	设置多媒体文件的高度，单位为屏幕像素点数
hidden	设置嵌入对象控制框的可视性

（2）<marquee>实现滚动文字设置。

基本语法：

```
<marquee>滚动文字</marquee>
```

<marquee>标记的常用属性如表 1-10 所示。

表 1-10　<marquee>标记的常用属性

属性名	属性值	描　述
direction	up	设置文字向上滚动
	down	设置文字向下滚动
	left	设置文字向左滚动（默认方向）
	right	设置文字向右滚动
behavior	Scroll	设置文字循环滚动（默认方向）
	Slide	设置文字只进行一次滚动
	Alternate	设置文字进行交替滚动
width，height	Value	设置文字滚动的区域
bgcolor	颜色值	设置文字滚动区域的背景颜色

（3）<bgsound>设置背景音乐。

<bgsound>标记的常用属性及含义如表 1-11 所示。

表 1-11　<bgsound>标记的常用属性及含义

属性名	属性值	含　义
src	URL	设置背景音乐文件的路径
loop	value、infinite	设置循环播放次数或无限循环播放（默认情况下只播放一次）

1.3　HTML 表格及表格布局

制作网页时为了以一定的形式将网页中的信息组织起来，同时使网页便于阅读和页面美观，需要对页面的版式进行设计或者进行页面布局。表格能将页面分成多个任意的矩形区域。表格在网页制作中是常用的一种简单布局方法。

1.3.1　表格结构

表格结构的基本语法：

```
<table>
        [<caption>标题内容</caption>]
<tr>
              [<th>表头内容</th>]
    </tr>
<tr>
<td>表格内容</td>
              {<td>表格内容</td>}
</tr>
        ……
</table>
```

其中：

<table>和</table>标记对界定表格结构的起始和结束；

<caption></caption>标记是可选项，该标记中的内容是表格的标题。

<th></th>标记可以设置表头内容，表头内容使用粗体样式显示，默认对齐方式是居中。

<tr></tr>标记界定一个表格行的开始和结束，一个表格行可以包含多个单元格，每个单元格的内容和显示特性由标记对<td></td>来定义。

1.3.2 表格属性

标记<table>、<tr>和<td>的属性用来定义表格的显示特性，其中<table>的属性描述整个表格的显示特性，其属性如表 1-12 所示。

表 1-12 <table>标记属性表

属性名	取 值	含 义	默认值
align	left/center/right	表格的位置	left
border	整数	表格边框粗细，值为 0，表格没有边框；值越大，表格边框越粗	0
background	图像文件名	表格的背景图	无
bgcolor	颜色值	表格的背景颜色	#000000
bordercolor	颜色值	表格边框的颜色	#000000
cellpadding	整数	每个表项内容与表格边框之间的距离，以像素点为单位	0
cellspacing	整数	表格边框之间的距离，以像素点为单位	2
width/height	百分比	表格宽度/高度，以相对于充满窗口的百分比计（如 60%）	100%
rules	none、groups、rows、cols、all	表格中的表格线显示方式	all
frame	void、above、below、hside、vside、lhs、rhs、box、border	表格外部框线的显示方式：不显示、顶部、底部、顶部和底部、左右两侧、左侧、右侧、所有	box 或 border

行控制标记<tr>的属性定义该行的显示特性，其属性如表 1-13 所示。

表 1-13 <tr>标记属性表

属性名	取 值	含 义	默认值
align	left/center/right	本行各表格项的水平对齐方式	left（左对齐）
valign	top/middle/bottom/baseline	本行各表格项的垂直对齐方式	middle
bgcolor	颜色值	本行各表格项的背景色	#000000
bordercolorlight	颜色值	行内单元格的右下边框颜色	#000000
bordercolordark	颜色值	行内单元格的左上边框颜色	#000000
width	百分比值/整数	本行宽度（受 table 的 width 属性值制约）	
height	整数	本行高度，以像素点为单位	

表格项控制标记<td>的属性定义该项的显示特性，其属性如表 1-14 所示。

表 1-14 <td>标记属性表

属性名	取 值	含 义	默认值
align	left/center/ right	本表格项的横向排列方式	left（左对齐）
bgcolor	颜色值	本表格项的背景色	#000000
valign	top/middle/bottom	本表格项的纵向排列方式	middle
width	百分比值/整数	本表格项宽度（受 table 和 tr 的 width 属性值制约）	
height	整数	本表格项高度，以像素点为单位（受 tr 的 height 属性值制约）	
background	图像文件名	本表格项的背景图像	无
colspan	整数	列跨度。如该值为 2，表示本表格项在宽度上占用两列	1
rowspan	整数	行跨度。如该值为 2，表示本表格项在高度上占用两行	1

1.3.3 表格嵌套

表格嵌套的基本语法：

```
<table width="500" border="1">
<tr>
    <td> </td>
</tr>
<tr>
    <td>
        <table width="100%" border="1">
        <tr>
        <td> </td>
        <td> </td>
        </tr>
        </table>
    </td>
</tr>
</table>
```

在嵌套表格时，内部表格<table>应该位于外层表格的<td></td>标记之间。

表格虽然允许多重嵌套，但在页面设计时，当嵌套层次太多时不利于搜索引擎对页面内容的检索。因此，表格嵌套的层次不能过深，一般不要超过 3 ~ 4 层。

1.4 HTML 表单

表单是提供图形用户界面的基本元素，包括按钮、文本框、单选钮、复选框等，是 HTML 实现交互功能的主要接口，用户通过表单向服务器提交数据。

表单的使用包括两部分：一部分是用户界面，提供用户输入数据的元件；另一部分是处理程序，可以是客户端程序，在浏览器中执行，也可以是服务器处理程序，处理用户提交的数据，返回结果。

1.4.1 表单定义

表单定义的语法如下：

```
<form method="get|post" action="处理程序名">
   [<input type=输入域种类  name=输入域名>]
   [teaxtarea 定义]
   [select 定义]
</form>
```

form 标记的属性含义如下：

method——取值为 post 或 get。二者的区别是：get 方法将在浏览器的 URL 栏中显示所传递变量的值，而 post 方法则不显示；在服务器端的数据提取方式也不同。

action——指出用户所提交的数据将由哪个服务器的哪个程序处理。可处理用户提交的数据的服务器程序种类较多，如 ASP 脚本程序、ASPX 程序、PHP 程序等。

1.4.2 表单的输入域

表单的输入域有 3 类：以标记<input>定义的多种输入域，包括 text、radio、checkbox、password、hidden、button、submit、reset 和 file 等；以标记<textarea>定义的文本域；以标记<select>和<option>定义的下拉列表框。

常见表单输入域如表 1-15 所示。

表 1-15 常见表单输入域

输入域名称	说 明
text（文本框）	可输入一行文字。举例： <input type=text name="xm" size=10 value="">
password（密码输入框）	用户输入的字符以“*”显示。举例： 输入密码：<input type=password size=12>
radio（单选钮）	当有多个选项时，只能选其中一项。举例： 走<input type=radio name= "Rad" value="v1" checked> 留<input type=radio name="Rad" value="v2">
checkbox（复选框）	当有多个选项时，可以选其中多项。举例： 签字笔<input type=checkbox name="ch1" checked> 钢笔<input type=checkbox name="ch2"> 圆珠笔<input type=checkbox name="ch3">
button（按钮）	普通按钮，按下后的操作需由程序完成。举例： <input type=button value="去我的主页">
submit（提交按钮）	将数据传递给服务器。举例： <input type=submit name="ok" value="提交">
reset（重置按钮）	将用户输入的数据清除。举例： <input type=reset name="re-input" value="重选">
file（文件域）	一般用于选择文件。举例： <input type="file" name="F1" size=20>
hidden（隐藏域）	在浏览器中不显示，但可通过程序取值或改变其值。主要用于浏览器向服务器传递数据而不想让浏览器用户知道的情形。举例： <input type=hidden name=hiddata value=“HidValue” >
image（图像域）	用图像来代替按钮，效果更美观。举例： <input name=“image” type=“image”src=“url” width= “”“neight=”” border=””>
textarea（文本域）	可输入多行文字。举例： <b>请输入您的要求</b> <textarea name="comment" rows=4 cols=20></textarea>
select（下拉列表）、option（列表项）	实现下拉菜单和列表项，在<select></select>标签中插入多个<option></option>标签即可。举例： <select name="水果"> <option value="苹果">苹果</option> <option value="梨子" selected>梨子</option> <option value="香蕉">香蕉</option> </select>

1.5 HTML 框架

通过使用框架，可以在同一个浏览器窗口中显示不止一个页面。即把浏览器窗口划分成若干个区域，每个区域显示的网页内容可以是不同的 HTML 文件，每个 HTML 文件称为一个框架，并且每个框架都独立于其他框架。

1.5.1 框架的基本结构

框架的基本结构如下：

```
<html>
<head>[头部标记]</head>
<frameset>{<frameset>...</frameset>}
<frame>  <frame>
                    ...
</frameset>
        [<noframes>字符串</noframes>]
</html>
```

框架技术包括框架集和框架两部分。用<frameset>框架集标记代替<body>标记，在一个网页文件中定义一组框架结构，包括定义窗口分割的方式（横向或纵向）、一个窗口中显示的框架数及框架的尺寸等；用<frame>框架标记来定义一个网页文件的一个区域，指明框架所对应的 HTML 文件。<frame>标记的个数应与其所属的<frameset>标记分割的框架数目相同，与窗口的对应关系是按排列顺序逐个对应。<noframes>标记定义了若浏览器不支持框架时所显示的内容。常见的分割框架方式有：水平框架、垂直框架、嵌套框架。<frameset>和<frame>的属性如表 1-16 和表 1-17 所示。

表 1-16　<frameset>标记的属性

属性名	取　值	含　义	默认值
rows	百分比	将窗口上、下（横向）分割，给出每个框架高度占整个窗口高度的百分比。例如：“25%,75%”表示将窗口分为上、下两个框架，高度分别为总窗口高度的 25%和 75%。值的一部分也可用“*”表示，例如“25%,*”，表示最后一个框架的高度是除去其他框架已用去的高度	无
	整　数	将窗口上、下（横向）分割，给出每个框架高度的像素点数。例如：“100,600”表示将窗口分为上、下两个框架，高度分别为 100 和 600 个像素点。值的一部分也可用“*”表示，含义同上	

续表

属性名	取　值	含　义	默认值
cols	百分比/整数	将窗口左、右（纵向）分割，值的格式和含义与“rows”属性类似	无
frameborder	yes/no	框架边框是否显示	yes
bordercolor	颜色值	框架边框颜色	Gray（灰）

表 1-17　<frame>标记的属性

属性名	取　值	含　义	默认值
src	HTML 文件名	框架对应的 HTML 文件	无
name	字符串	框架的名字，可在程序和<a>标记的 target 属性中引用	无
noresize	无	不允许用户改变框架窗口大小	无
scrolling	yes/no/auto	框架边框是否出现滚动条	auto
marginwidth	整数	框架左、右边缘像素点数	0
marginheight	整数	框架上、下边缘像素点数	0
frameborder	yes/no	框架边框是否显示	yes

1.5.2　嵌套框架

在实际使用中，经常使用到嵌套框架，如“厂”字形框架，即先上下分割，再在下方进行左右分割，基本语法：

```
<frameset rows="*,*">
    <frame src=""/>
    <frameset cols="*,*">
       <frame src=""/>
          <frame src=""/>
    </frameset>
</frameset>
```

第一个<frameset rows=“*,*”>表示外层框架为上下结构，第二个<frameset cols=“*,*”>表示内层框架为左右结构。

第 2 章　CSS 层叠样式表

2.1　CSS 基础知识

2.1.1　CSS 基本语法

CSS 基本格式如图 2-1 所示。其中，一个选择器可以包含有一个或多个声明。

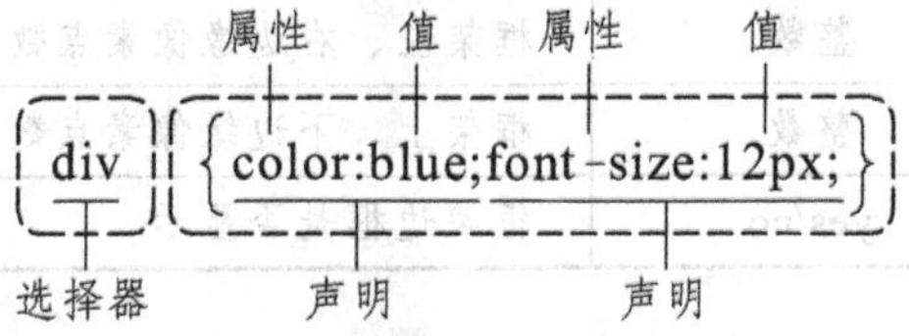

图 2-1　CSS 基本格式

2.1.2　CSS 的使用

CSS 样式有以下 3 种格式：内嵌样式、内部样式和外部样式。

1. 内嵌样式

内嵌样式又称行内样式，将 CSS 样式嵌入到 HTML 标签中可以很简单地对某个标签单独定义样式。

示例：

```
<p style="color:red; background: yellow;">内嵌样式-style 属性</p>
<h4 style="border:dotted thin blue; text-align:center;">内嵌样式的使用</h4>
<span style="color:red;font-weight:bold;">内嵌样式</span>是混合在 HTML 标记里使用的，用这种方法，可以很简单地对某个元素单独定义样式。
```

2. 内部样式表

内部样式表将 CSS 样式从 HTML 标签中分离出来，使得 HTML 代码更加整洁，而且 CSS 样式可以被多次使用。内部样式表是一种写在<style>标签中的样式声明，仅对当前页面有效。一般情况下，<style>标签位于<head>标签之内；在页面加载过程中，先加载样式后加载页面元素，浏览器根据元素的顺序加载、渲染并在页面中显示出来。

示例：

```
<html>
<head>
<meta http-equiv="Content-Type" content="text/html; charset=utf-8" />
<title>内部样式表的使用</title>
<style type="text/css">
        <!--
            /*h1 标签的样式声明*/
            h1{
                color:#033;
                border:dashed 1px #6600CC ;
            }
            /*hr 标签的样式声明*/
            hr{
                width:95%;
                text-align:center;
                color:#03C;
            }
            /*span 标签的样式声明*/
            span{
                font-weight:bold;
            }
        -->
</style>
</head>
<body>
<h1>内部样式表的使用</h1>
<hr/>
```

有些低版本的浏览器不能识别 style 标签，这意味着低版本的浏览器会忽略 style 标记里的内容，并把 style 标记里的内容以文本直接显示到页面上。为了避免这样的情况发生，我们用加 HTML 注释的方式（<span><!-- 注释 --></span>）隐藏内容而不让它显示。

```
<hr/ >
```

```
</body>
</html>
```

3. 外部样式表

外部样式表是将 CSS 样式以独立的文件进行存放，然后在页面中引入该样式文件。网站统一引用同一外部样式文件，使页面的风格保持一致，有利于页面样式的维护与更新，从而降低网站的维护成本。用户浏览网页时，CSS 样式文件会被暂时缓存；继续浏览其他页面时，会优先使用缓存中的 CSS 文件，避免重复从服务器中下载，从而提高网页的加载速度。

外部样式表又分两种：链接外部样式表和导入外部样式表。

1）链接外部样式表

在 HTML 中，<link>标签用于将文档与外部资源进行关联，经常用于链接网页的外部样式表。

```
<link type="text/css" rel="stylesheet" href="url" />
```

其中：type 属性用于设置链接目标文件的 MIME 类型，CSS 样式表的 MIME 类型是 text/css；rel 属性用于设置链接目标文件与当前文档的关系，stylesheet 表示外部文件的类型是 CSS 文件。

链接外部样式的使用分为两步，具体步骤如下：

（1）创建 CSS 样式表文件。

```
@charset "utf-8";
/*h1 标签的样式声明*/
h1{color:#033;border:dashed 1px #6600CC;}
/*hr 标签的样式声明*/
hr{width:95%;text-align:center;color:#03C;}
/*span 标签的样式声明*/
span{font-weight:bold;}
```

其中，关键字@charset 用于指定样式表使用的字符集，该关键字只能用于外部样式表文件中，并位于样式表的最前面，且只允许出现一次。

（2）在页面的<head>标签中使用<link >标签关联 style.css 样式文件，然后在<body>中通过标签选择器引用样式文件中预定义的样式。

```
<html>
<head>
<title>链接外部样式表的使用</title>
<link type="text/css" rel="stylesheet" href="css/style.css" />
</head>
```

```
<body>
<h1>链接外部样式表的使用</h1>
<hr/ >
</body>
</html>
```

2）导入外部样式表

导入外部样式表是指在页面的内部样式表中导入一个外部样式表。

```
@import 样式文件的引用地址;
@import url("样式文件的引用地址");
```

其中：@import 关键字用于导入外部样式，url 中的引用地址需要用引号（“”）引起来，否则会有浏览器不支持；在<style>标签中，@import 语句需要位于内部样式之前。

导入样式表的使用，示例：

```
@import css/style.css;
/*此种方式仅 IE 浏览器支持，Firefox 与 Opera 浏览器不支持*/
@import url("css/style.css");
/*此种方式 IE、Firefox 和 Opera 浏览器均支持，推荐使用*/
```

两种外部样式表的区别在于：

（1）隶属关系不同：<link>标签属于 HTML 标签，而@import 是 CSS 提供的载入方式。

（2）加载时间及顺序不同：使用<link>链接的 CSS 样式文件时，浏览器先将外部的 CSS 文件加载到网页当中，然后再进行编译显示；而@import 导入 CSS 文件时，浏览器先将 HTML 结构呈现出来，再把外部的 CSS 文件加载到网页中，当网速较慢时会先显示没有 CSS 时的效果，加载完毕后再渲染页面。

（3）兼容性不同：由于@import 是 CSS 2.1 提出的，只有在 IE 5 以上版本的浏览器才能识别，而<link>标签无此问题。

（4）DOM 模型控制样式：使用 JavaScript 控制 DOM 改变样式时，只能使用<link>标签，而@import 不受 DOM 模型控制。

（5）综上所述，不管从显示效果还是网站性能上看，link 链接方式更具有优势，应优先考虑样式表的优先级。

多重样式（Multiple Styles）是指外部样式、内部样式和内嵌样式同时应用于页面中的某一个元素。在多重样式情况下，样式表的优先级采用就近原则。一般情况下，多重样式的优先级由高到低的顺序是“内嵌→内部→外部→浏览器缺省默认”。

2.1.3 CSS 常用选择器

1. 基本选择器

基本选择器是用来指明“样式”将作用于网页中的哪些元素，分为 4 种：通用选择器、标签选择器、类选择器和 ID 选择器。

1）通用选择器

通用选择器（Universal Selector）是一个星号（*），功能类似于通配符，用于匹配文档中所有的元素类型。通用选择器可以使页面中所有的元素都使用该规则。示例：

```
*{font-size:12px; color:red;}
```

2）标签选择器

标签选择器是指任意的 HTML 标签名作为一个 CSS 的选择器，用于将 HTML 中的某种标签来统一设置样式。示例：

```
p{font-family:楷体;}
```

p 是标签选择器，通过该选择器将页面中所有的段落的字体统一设置成楷体。

3）类选择器

类选择器用于将 HTML 中相同类名的元素统一设置样式，在类名前有一个点号（.），示例：

```
.classname{ property1:value; … }
```

4）ID 选择器

ID 选择器的定义与类选择器相似，区别在于使用井号（#）进行定义；在 HTML 文档中，元素的 ID 要求是唯一的，通过 ID 来识别页面中的元素。通过 ID 选择器可以对元素单独的设置样式。示例：

```
#idValue{ property1:value; … }
```

在一个文档中，由于 ID 属性是唯一的，因此 ID 选择器具有一定局限性，应尽量少用。

选择器之间也存在优先顺序，优先级从高到低分别是：ID 选择器、类选择器、标签选择器、通用选择器。

2. 组合选择器

组合选择器包括以下几类组合选择器：多元素选择器、后代选择器、子元素选择器、相邻兄弟选择器和普通兄弟选择器。

1）多元素选择器

当多个元素拥有相同的特征时，可以通过多元素选择器的方式来统一定义样式，有效地避免样式的重复定义。多元素选择器允许一次定义多个选择器的样式，选择器之间使用逗号（,）隔开。

示例：

```
p,div {font-size:14px; color:blue; }
```

和

```
p {font-size:14px; color:blue; }
div {font-size:14px; color:blue; }
```

两段代码效果相同。

2）后代选择器

后代选择器（Descendant Selector），用于选取某个元素的所有后代元素；后代元素之间用空格隔开。示例：

```
div p {background-color:#CCC; }
```

该段代码将<div>标签中的<p>标签的背景颜色设为#CCC，而不在<div>标签内的<p>标签保持原有样式。

3）子选择器

子选择器（Child Selectors）用于选取某个元素的直接子元素（间接子元素不适用）；子选择器元素之间使用大于号（>）隔开。示例：

```
div > p {
    font-weight:bold;
    border: solid 2px #066;
}
```

该段代码对<div>标签的直接子元素中的<p>标签的字体和边框进行统一设置，而在<div>标签内的非直接子元素的<p>标签保持原有样式。

4）相邻兄弟选择器

相邻兄弟选择器（Adjacent Sibling Selector）用于选择紧接在某元素之后的兄弟元素，相邻兄弟选择器元素之间使用加号（+）隔开。示例：

```
h3 + p { font-weight:bold; }
```

该段代码对紧接在<h3>标签后的<p>标签进行统一样式设置。

5）普通兄弟选择器

普通兄弟选择器（General Sibling Selector）是指拥有相同父元素的元素；元素与元素之间不必直接紧随；选择器之间使用波浪号（ ~ ）隔开。示例：

```
h3  ~  p {background:#ccc;}
```

该段代码对和<h3>标签具有相同父元素的<p>标签进行统一样式设置。

子选择器及兄弟选择器是从 IE 7 版本浏览器开始支持，而在一些高版本的过渡版本中支持不够好，所以在使用时，必须带有<!DOCTYPE …>声明部分。

3. 属性选择器

属性选择器是根据元素的属性来选取元素。属性选择器分为存在选择器、相等选择器、包含选择器、连接字符选择器、前缀选择器、子串选择器和后缀选择器，如表 2-1 所示。

表 2-1 各属性选择器语法及描述

选择器类型	语法	示例	描述
存在选择器	[attribute]	p[id]	任何带 id 属性的<p>标签
相等选择器	[attribute=value]	p[name="teaName"]	name 属性为“teaName”的<p>标签
包含选择器	[attribute~=value]	p[name ~="stu"]	name 属性中包含“stu”单词，并与其他内容通过空格隔开的<p>标签
连字符选择器	[attribute|=value]	p[lang|="zh"]	匹配属性等于 zh 或以 zh 开头的所有元素
前缀选择器	[attribute^=value]	p[title^="zh"]	选择 title 属性值以“zh”开头的所有元素
子串选择器	[attribute*=value]	p[title*="ch"]	选择 title 属性值包含“ch”字符串的所有元素
后缀选择器	[attribute$=value]	p[title$="th"]	选择 title 属性值以“th”结尾的所有元素

2.2 CSS 样式属性

在选择器的定义中，声明由属性和属性值构成。常用的 CSS 样式的属性有文本、字体、背景、表格、列表及定位等。

2.2.1 文本属性

CSS 文本属性及描述如表 2-2 所示。

表 2-2 CSS 文本属性及描述

功能	属性名	描述
缩进文本	text-indent	设置行的缩进大小，值可以为正值或负值，单位可以用 em、px 或百分比（%）
水平对齐	text-align	设置文本的水平对齐方式，取值 left、right、center、justify
垂直对齐	vertical-align	设置文本的垂直对齐方式，取值 bottom、top、middle、baseline

续表

功　能	属性名	描　述
字间距	word-spacing	设置字（单词）之间的标准间隔，默认 normal（或 0）
字母间隔	letter-spacing	设置字符或字母之间的间隔
字符转换	text-transform	设置文本中字母的大小写，取值 none、uppercase、lowercase、capitalize
文本修饰	text-decoration	设置段落中需要强调的文字，取值 none、underline（下划线）、overline（上划线）、line-through（删除线）、blink（闪烁）
空白字符	white-space	设置源文档中的多余的空白，取值 normal（忽略多余）、pre（正常显示）、nowrap（文本不换行，除非遇到 标签）

2.2.2　字体属性

CSS 字体属性及描述如表 2-3 所示。

表 2-3　CSS 字体属性及描述

功　能	属性名	描　述
文本颜色	color	设置文本的颜色
字体类型	font-family	设置文本的字体
字体风格	font-style	设置字体样式，取值 normal（正常）、italic（斜体）、oblique（倾斜）
字体变形	font-variant	设定小型大写字母，取值 normal（正常）、small-caps（小型大写字母）
字体加粗	font-weight	设置字体的粗细，取值可以是 bolder（特粗体）、bold（粗体）、normal（正常）、lighter（细体）或 100~900 的 9 个等级
字体大小	font-size	设置文本的大小，值可以是绝对或相对值，其中绝对值从小到大依次 xx-small、x-small、small、medium（默认）、large、x-large、xx-large；单位可以是 pt 或 em，也可以采用百分比（%）的形式
行间距	line-height	设置文本的行高，即两行文本基线之间的距离
字体简写	font	属性的简写可用于一次设置元素字体的两个或更多方面，书写顺序 font-style、font-variant、font-weight、font-size/line-height、font-family

2.2.3　背景属性

CSS 背景属性及描述如表 2-4 所示。

表 2-4　CSS 背景属性及描述

功　能	属性名	描　述
背景颜色	background-color	设置元素的背景色
背景图像	background-image	设置背景图像
背景重复	background-repeat	设置背景平铺的方式，取值 no-repeat（不平铺）、repeat-x（横向平铺）、repeat-y（纵向平铺）、repeat（x/y 双向平铺）
背景定位	background-position	设置图像在背景中的位置，取值 top、bottom、left、right、center 或具体值、百分比
背景关联	background-attachment	设置背景图像是否随页面内容一起滚动，取值 scroll（滚动）、fixed（固定）
背景尺寸	background-size	用来设置背景图片的尺寸
填充区域	background-origin	规定 background-position 属性相对于什么位置来定位
绘制区域	background-clip	规定背景的绘制区域
背景简写	background	在一个声明中设置所有的背景属性

2.2.4　表格属性

CSS 表格属性及描述如表 2-5 所示。

表 2-5　CSS 表格属性及描述

功　能	属性名	描　述
边框	border	设置表格边框的宽度
折叠边框	border-collapse	设置是否将表格边框折叠为单一边框，取值 separate(双边框，默认)、collapse（单边框）
宽度	width	设置表格宽度，可以是像素或百分比
高度	height	设置表格高度，可以是像素或百分比
水平对齐	text-align	设置水平对齐方式，如左对齐、右对齐或者居中
垂直对齐	vertical-align	垂直对齐方式，如顶部对齐、底部对齐或居中对齐
内边距	padding	设置表格中内容与边框的距离
单元格间距	border-spacing	设置相邻单元格的边框间的距离，仅用于双边框模式
标题位置	caption-side	设置表格标题的位置，取值 top、bottom

2.2.5　列表属性

CSS 列表属性及描述如表 2-6 所示。

表 2-6　CSS 列表属性及描述

功　能	属性名	描　述
列表类型	list-style-type	设置列表的图形符号，取值 none、disc、circle、square、decimal、lower-roman、upper-roman、lower-latin、upper-latin 等
列表项图像	list-style-image	将图形符号设为指定的图像，如 list-style-image:url(xxx.gif)
符号位置	list-style-position	设置列表图形符号的位置，取值 inside、outside
列表简写	list-style	一个声明中设置所有的列表属性，可以按顺序设置如下属性：list-style-type、list-style-position、list-style-image

2.2.6　分类属性

1. cursor 属性

cursor 属性及描述如表 2-7 所示。

表 2-7　cursor 属性及描述

功　能	描　述
auto	光标的形状取决于悬停对象，文本时显示（I）形状，超链时接显示（ ）形状
crosshair	光标呈现为十字（+）形状
pointer	光标呈现为指示链接的指针，即手的形状（ ）
move	移动选择效果（ ）
text	类似于竖线（I）
wait	光标呈现为等待（ ）形状
help	光标呈现为问号或气球（ ）形状
ne-resize	光标呈现为（ ）形状
se-resize	光标呈现为（ ）形状
s-resize	光标呈现为（ ）形状
w-resize	光标呈现为（ ）形状

2. display 属性

通过 display 属性可以将页面元素隐藏或显示出来，也可将元素强制改成块级元素或内联元素。display 属性及描述如表 2-8 所示。

表 2-8　display 属性及描述

功　能	描　述
none	将元素设为隐藏状态
block	将元素显示为块级元素，此元素前后会带有换行符
inline	默认，此元素会被显示为内联元素，元素前后没有换行符

3. visibility 属性

visibility 属性可以将页面中的元素隐藏，但是被隐藏的元素仍占原来的空间，当不希望对象在隐藏时仍然占用页面空间时，可以使用 display 属性。visibility 属性的取值范围为 visible 或 hidden。

4. position 属性

一般情况下，页面是由页面流构成的，页面元素在页面流中的位置是由该元素在(X)HTML 文档中的位置决定的。块级元素从上向下排列（每个块元素单独成行），而内联元素将从左向右排列，元素在页面中的位置会随外层容器的改变而改变。

在 CSS 中，提供了 3 种定位机制：普通流、定位（position）和浮动（float）。position 属性及描述如表 2-9 所示。

表 2-9　position 属性及描述

属性值	描　述
static	正常流（默认值）。元素在页面流中正常出现，并作为页面流的一部分
relative	相对定位，相对于其正常位置进行定位，并保持其未定位前的形状及所占的空间
absolute	绝对定位，相对于浏览器窗口进行定位，将元素框从页面流中完全删除后，重新定位。当拖拽页面滚动条时，该元素随其一起滚动
fixed	固定定位，相对于浏览器窗口进行定位，将元素框从页面流中完全删除后，重新定位。当拖拽页面滚动条时，该元素不会随之滚动

当 position 的属性值为 relative、absolute 或 fixed 时，可以使用元素的偏移属性 left、top、right 和 bottom 进行重新定位；当 position 属性为 static 时，会忽略 left、top、right、bottom 和 z-index 等相关属性的设置。

5. float 与 clear 属性

float 属性可以将元素从正常的页面流中浮动出来，离开其正常位置，浮动到指定的边界。当元素浮动到边界时，其他元素将会在该元素的另外一侧进行环绕。float 属性及描述如表 2-10 所示。

表 2-10　float 属性及描述

属性值	描　述
Left	元素浮动到左边界
right	元素浮动到右边界
none	默认值，元素不浮动

在页面中，浮动的元素可能会对后面的元素产生一定的影响；当希望消除因为浮动

所产生的影响时，可以使用 clear 属性进行清除。clear 属性及描述如表 2-11 所示。

表 2-11　clear 属性及描述

属性值	描　述
Left	清除左侧浮动产生的影响
right	清除右侧浮动产生的影响
both	清除两侧浮动产生的影响
none	默认值，允许浮动元素出现在两侧

第 3 章　HTML、CSS 实验

3.1　HTML 头部标记和体部标记应用

3.1.1　实验目的

（1）掌握纯文本编辑器编写网页的方法；
（2）掌握 HTML 文件的基本结构；
（3）掌握 HTML 头部标记及体部标记的使用。

3.1.2　实验内容

1. 编写 HTML 文档

打开记事本或 Editplus 等文本编辑器，编写 HTML 文档。

2. 设置网页内容

在 HTML 文档的头部区域使用正确的标记，设置网页内容：
（1）将网页标题设置为“HTML 头部标记和体部标记应用”。
（2）网页关键字为“头部标记，体部标记”。
（3）网页描述为“这是一个 Web 课程学习网站”。
（4）设置网页使用字符集为“GB18030”。
（5）网页停留 5 s 后自动跳转到黔南民族师范学院主页。

3. 设置网页页面属性

在 HTML 文档主体标记<body>中，设置网页页面属性：
（1）设置网页背景图像，图像自选。
（2）将页面正文颜色设置为海蓝色（teal/#008080）。
（3）将页面背景颜色设置为白色（white/#FFFFFF）。

（4）将网页中超链接默认颜色设置为蓝色（blue/#0000FF），鼠标单击后链接颜色设置为橄榄色（olive/#808000），访问后的链接设置为红色（red/#FF0000）。

（5）设置网页内容与浏览器的上边框和左右边框间距为 35 像素。

4. 示例代码

```
<html>
    <head>
        <title>HTML 头部标记和体部标记应用</title>
        <meta name="Keywords" content="头部标记，体部标记">
        <!-- 网页描述 -->
        <meta name="Description" content="这是一个 Web 课程学习网站">
        <!-- 设置网页所使用的字符集为 GB18030 -->
        <meta   http-equiv="content-type" content="text/html;
charset=GB18030">
        <!-- 网页停留 3 秒后自动跳转到黔南民族师范学院主页 -->
        <meta   http-equiv="refresh" content="5;
url=http://www.sgmtu.edu.cn/">
    </head>
    <body background="background.jpg" text="#008080"
  bgcolor="#FFFFFF" link="#0000FF" alink="#808000" vlink="#FF0000" topmargin=
"35px" leftmargin="35px">
        <P>background 属性设置网页背景图片</P>
    <P>bgcolor 属性设计网页背景颜色</P>
    <P>link 属性设置页面默认链接颜色</P>
    <P>alink 属性设置鼠标单击时的链接颜色</P>
    <P>vlink 属性设置访问后的链接颜色</P>
    <P>topmargin 属性设置页面的上边距</P>
    <P>leftmargin 属性设置页面的左右边距</P>
    超链接<a href="http://www.sgmtu.edu.cn/">"黔南民族师范学院"</a>
    </body>
</html>
```

5. 查看显示效果

保存 html 文件，并双击该网页在浏览器中执行，查看显示效果。

3.1.3 实验结果

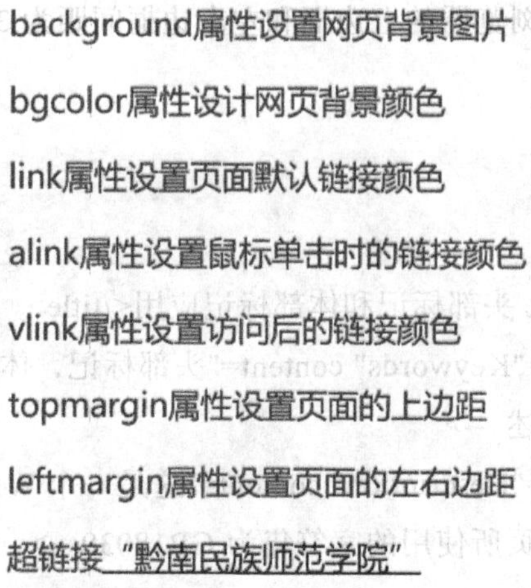
background属性设置网页背景图片
bgcolor属性设计网页背景颜色
link属性设置页面默认链接颜色
alink属性设置鼠标单击时的链接颜色
vlink属性设置访问后的链接颜色
topmargin属性设置页面的上边距
leftmargin属性设置页面的左右边距
超链接"黔南民族师范学院"

图 3-1　头部标记和体部标记示例效果

3.2 HTML 常用基本标记应用

3.2.1 实验目的

掌握文字、段落、列表、图片、超链接和多媒体等 HTML 基本标记的使用。

3.2.2 实验内容

1. 编写 HTML 文档

打开记事本或 Editplus 等文本编辑器，编写 HTML 文档。

2. 设置网页内容

在 HTML 文档的主体区域使用正确的标记及属性，设置网页内容：

（1）将网页标题设置为“HTML 常用基本标记应用”。

（2）将网页上边距和左边距设置为 50，网页背景为图片。

（3）使用<h2>标签将“个人简历”设置成标题，且居中显示。

（4）使用<font>标签将“个人简历”字体设置为“隶书”，大小为“6”，字体颜色为“绿色”。

（5）使用<hr>标签在“个人简历”下方添加水平分割线，并设置其颜色设置为“#CCCC00”，size 设置高度“3”，width 设置宽度“70%”，align 设置居中。

（6）对个人简历中的姓名、性别、出生年月、籍贯、专业、教育经历、项目经历、兴趣爱好、外语能力和联系方式使用<p>标签设置成段落，并加粗，设置其颜色为“#009900”。

（7）使用<ol>标签将教育经历各项以有序列表 1、2、3 形式显示。

（8）使用<ul>标签将项目经历各项以无序列表“●”形式显示。

（9）使用<ol>标签将兴趣爱好各项以有序列表 a、b、c 形式显示。

（10）在“英语六级”前使用 4 个空格（ ）产生缩进效果。

（11）使用<ul>标签将联系方式各项以无序列表■形式显示。

（12）使用<a>标记 href 属性，将联系方式中的 Email 地址设置为邮件超链接。

（13）使用<embed>添加音频文件，并设置其宽度 200，高度 50，自动播放，无限循环。

（14）使用<img>添加图片，并设置其宽高为 200，失效时显示文本，鼠标处于该图片区域时提示文本；

（15）使用<a>为图片添加超链接，超链接到黔南民族师范学院主页，并设置其在新窗口打开。

（16）将“联系方式”设置为锚点，id 为“contact”，在个人简历下方插入超链接“跳转到联系方式”，并引用“contact”锚点。

3. 查看显示效果

保存文件名为“1.2.html”，并双击该网页执行，查看显示效果。

4. 示例代码

```
<html>
    <head>
        <title>html 基本标签</title></head>
    <body leftmargin = "50" topmargin = "50" background = "background.jpg" >
```

```
<h2 align="left"><font size = "6" face = "隶书" color = "green">个人简历
</font></h2>
<a href = "#contact"><i>跳转到联系方式</i></a>
<hr size = "3"  color = ="#CCCC00" width="90%" align ="right"/>
<marquee direction = "right" bgcolor = "green"  >欢迎光临！</marquee>
<font size="4" face="仿宋">
    <p><font color = "#009900"><b>姓名：</b></font>张三</p>
    <p><font color = "#009900"><b>性别：</b></font>女</p>
    <p><font color = "#009900"><b>出生年月：</b></font>1990 年 9 月
</p>
    <p><font color = "#009900" ><b>籍贯：</b></font>广州</p>
    <p><font color = "#009900" ><b>专业：</b></font>软件工程</p>
    <p><font color = "#009900"><b>教育经历：</b></font>
        <ol>
            <li>1996.09——2002.07 广州第一小学
            <li>2002.09——2008.07 广州第一中学
            <li>2008.09——至今广州大学
        </ol>
    </p>
    <p><b><font color="#009900">项目经历：</font></b>
        <ul>
            <li>2008.12——2009.02 使用 ASP.NET 技术为班级设计和
开发了一个班务管理系统
            <li>2009.06——2009.09 使用 JSP 技术为某公司设计和开发
了一个动态网站
            <li>2010.12——2011.12 参与某公司的 ERP 项目开发
        </ul>
    </p>
    <p><b><font color="#009900">兴趣爱好：</font></b>
        <ol type = "a">
            <li>看书
            <li>软件编程
            <li>运动
```

```
                </ol>
            </p>
            <p><b><font color="#009900">外语能力：</font></b>
                <p>    英语六级，口语流利，读写能力
较强，能熟练查阅外文资料      </p>
            </p>
            <p>
                <b><font  color="#009900"><a  id  =  "contact">联系方式：
</a></font></b>
            </p>
            <p>
                <ul type = "square">
                    <li>tel:025-5893804
                    <li>Email:
                        <a href="mailto:naweitian@163.com">
  <i>naweitian@163.com</i></a>
                    <li>QQ:56898745
                </ul>
            </p>
            <p>
                <embed src = "爱.mp3" width = "200" height = "50" autostart =
"true" loop = "true" >
  </embed>
            </p>
            <p>
                <a href = "http://www.sgmtu.edu.cn/" target = "_blank">
  <img src="xiaohui.png"width = "200" height = "200"
   title = " 黔南民族师范学院校徽" alt = "黔南民族师范学院校徽"></img></a>
            </p>
        </font>
    </body>
  </html>
```

3.2.3 实验结果

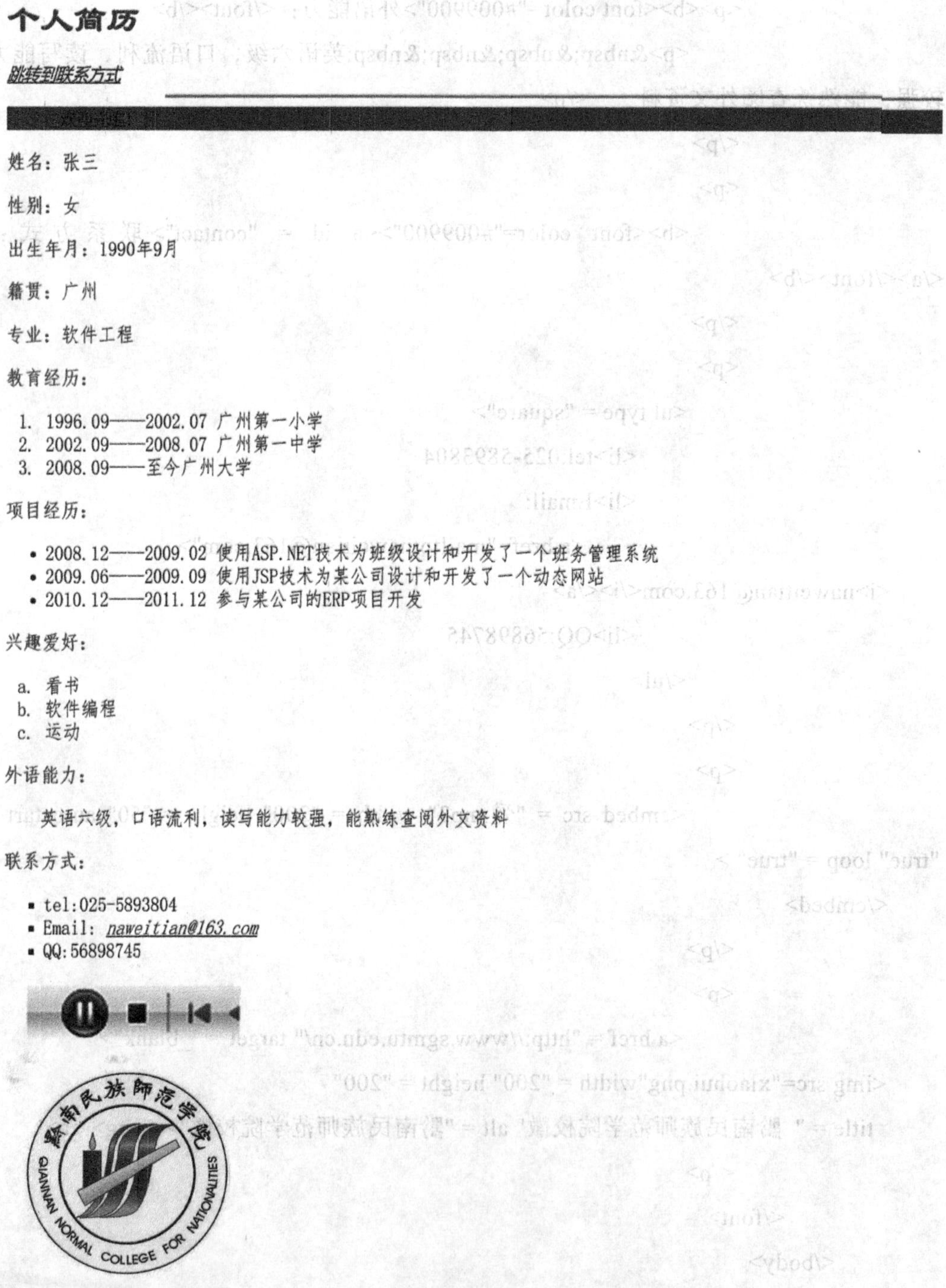

个人简历
跳转到联系方式
欢迎光临
姓名：张三
性别：女
出生年月：1990年9月
籍贯：广州
专业：软件工程
教育经历：
1. 1996.09——2002.07 广州第一小学
2. 2002.09——2008.07 广州第一中学
3. 2008.09——至今广州大学
项目经历：
• 2008.12——2009.02 使用ASP.NET技术为班级设计和开发了一个班务管理系统
• 2009.06——2009.09 使用JSP技术为某公司设计和开发了一个动态网站
• 2010.12——2011.12 参与某公司的ERP项目开发
兴趣爱好：
a. 看书
b. 软件编程
c. 运动
外语能力：
英语六级，口语流利，读写能力较强，能熟练查阅外文资料
联系方式：
▪ tel:025-5893804
▪ Email: naweitian@163.com
▪ QQ:56898745
黔南民族師范学院
QIANNAN NORMAL COLLEGE FOR NATIONALITIES

图 3-2 HTML 常用基本标记示例效果

3.3　HTML 表格及表格布局

3.3.1　实验目的

（1）掌握表格相关的标记和属性。
（2）掌握使用嵌套表格进行局部页面布局的方法。

3.3.2　实验内容

在 Dreamweaver 中使用表格相关标记，按照图 3-3 效果制作购物网站主页面。

图 3-3　购物网站主页面效果图

1. 分析网页布局

分析图 3-3 所示的页面，可将其划分成如图 3-4 所示的结构。

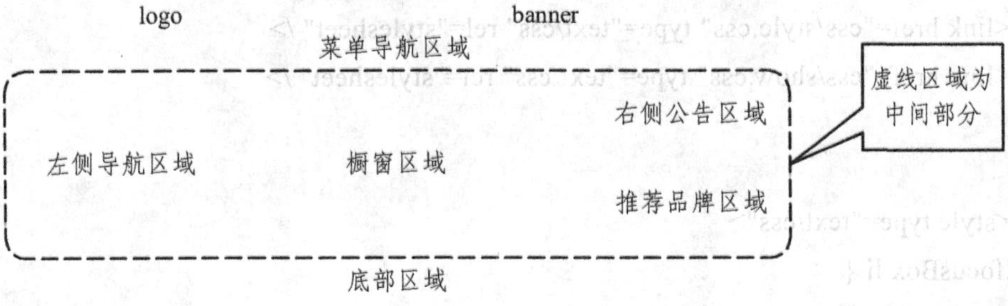

图 3-4　购物网站首页布局结构

2. 新建文档 index.html

打开 Dreamweaver，新建站点 shop，将所需图片资源保存在 images 文件夹下，新建文档 index.html。

3. 设置网页布局

借助 Dreamweaver 插入表格，在 HTML 文档的主体区域使用正确的标记及属性，设置网页布局。

（1）顶部区域：宽度为“100%”的 1 行 1 列表格中嵌套一个宽度为“1200px”的 1 行 2 列表格。

（2）logo 和 banner 区：宽度为“1200px”的 1 行 2 列表格，每个单元格插入一张图片超链接。

（3）菜单导航区：宽度为“100%”，背景色为“#ce626”的 1 行 1 列表格中嵌套一个宽度为“1200px”的 1 行 9 列表格，其中第 1 个和第 9 个单元格为空白单元格。

（4）中间部分：宽度为“1200px”的 1 行 3 列表格中，第一个单元格内嵌入一个 15 行 1 列表格，宽度“220px”，显示左侧导航区域；第二个单元格内显示橱窗推荐区域，宽度“700px”；第三个单元格内嵌入一个 8 行 1 列的表格，宽度为“300px”，其中，前七行用于显示右侧公告区域，最后一行嵌入一个 3 行 3 列表格，用于显示品牌推荐区域。

（5）底部区：宽度为“100%”2 行 1 列表格，显示版权信息和图片。

4. 示例代码

```
<!DOCTYPE html PUBLIC "-//W3C//DTD XHTML 1.0 Transitional//EN" "http://www.w3.org/TR/xhtml1/DTD/xhtml1-transitional.dtd">
<html xmlns="http://www.w3.org/1999/xhtml">
<head>
<meta http-equiv="Content-Type" content="text/html; charset=utf-8" />
<title>购物网站首页
</title>
<link href="css/style.css" type="text/css" rel="stylesheet" />
<link href="css/show.css" type="text/css" rel="stylesheet" />


<style type="text/css">
.focusBox li {
    background-color: #999;
    height: 15px;
```

```
        width: 15px;
        float: left;
        margin-right: 10px;
        border-radius:10px;
        list-style-type: none;
    }
    .focusBox {
        position: absolute;
        top: 490px;
        width: 100px;
        left: 45%;
    }
    .focusBox li.cur{
        background:#F90}
    </style>
    </head>

    <body>
    <!--顶部区开始-->
    <table width="100%" bgcolor="#f7f7f7" class="top-line">
        <tr>
            <td>
            <table width="1200" align="center">
                <tr>
                    <td>
                        <img src="images/star.jpg" />收藏|HI，欢迎来订购！
                        <a href="../manage/login.html" class="orange">[请登录]</a>
                        <a  href="../register/register.html"  class="orange" >[免费注
册]</a>
            </td>
                    <td align="right">
                        客户服务<img src="images/arrow.gif" /> 
                        网站导航<img src="images/arrow.gif" /> 
                        <img  src="images/shoppingcart.png"  /> 我 的 购 物 <span
class="orange">0</span>件  <img src="images/arrow.gif" />
                    </td>
```

```
                    </tr>
                </table>
            </td>
        </tr>
    </table>
    <!--顶部区结束-->
    <!--Logo 和 Banner 区开始-->
    <table width="1200" align="center">
        <tr>
            <td>
            <a href="#"><img src="images/logo_副本.jpg" /></a>
            </td>
             <td  align="right"><a  href="#"><img  src="images/banner_副本.jpg"  /></a></td>
            </tr>
    </table>
    <!--Logo 和 Banner 区结束-->
    <!--菜单导航区开始-->
    <table width="100%" bgcolor="orange" >
        <tr>
            <td>
                <table width="1200" align="center">
                    <tr>
                        <td width="200" height="21"> </td>
                        <td align="center" width="80"><a href="index.html" class="nav-font" >首页</a></td>
                        <td align="center" width="100"><a href="shoppingshow.html" class=nav-font">最新上架</a></td>
                        <td align="center" width="100"><a href="#" class="nav-font" >品牌活动</a></td>
                        <td align="center" width="100"><a href="#" class="nav-font" >原厂直供</a></td>
                        <td align="center"  width="80"><a href="#" class="nav-font" >团购</a></td>
                        <td align="center" width="100"><a href="#" class="nav-font" >限时抢购</a></td>
```

```
                        <td align="center" width="100"><a href="#" class="nav-font">
促销打折</a></td>
                        <td width="200"> </td>
                    </tr>
                </table>
            </td>
        </tr>
    </table>
    <!--菜单导航区结束-->
    <!--中间部分开始-->
    <table width="1200" align="center" >
        <tr>
            <td width="220" valign="top">
                <table width="100%" class="table1">
                 <tr ><th align="left">女装</th></tr>
                 <tr>
                    <td ><span class="red-dot"></span><a href="#">上装</a>
                    <img src="images/arrow_r.jpg"   align="right"/></td>
                 </tr>
                 <tr>
                    <td ><span class="red-dot"></span><a href="#">下装</a>
                    <img src="images/arrow_r.jpg"   align="right"/></td>
                 </tr>
                 <tr>
                    <td ><span class="red-dot"></span><a href="#">连衣裙</a>
                    <img src="images/arrow_r.jpg"   align="right"/></td>
                 </tr>
                 <tr>
                    <td ><span class="red-dot"></span><a href="#">内衣</a>
                    <img src="images/arrow_r.jpg"   align="right"/></td>
                 </tr>
                 <tr ><th align="left">男装</th>
                 </tr>
                 <tr>
                    <td ><span class="red-dot"></span><a href="#">T 恤</a>
                    <img src="images/arrow_r.jpg"   align="right"/></td>
```

```
                    </tr>
                    <tr>
                        <td ><span class="red-dot"></span><a href="#">短裤</a>
                        <img src="images/arrow_r.jpg"   align="right"/></td>
                    </tr>
                    <tr>
                        <td ><span class="red-dot"></span><a href="#">衬衫</a>
                        <img src="images/arrow_r.jpg"   align="right"/></td>
                    </tr>
                    <tr >
                      <th align="left">童装</th></tr>
                    <tr>
                        <td ><span class="red-dot"></span><a href="#">上装</a>
                        <img src="images/arrow_r.jpg"   align="right"/></td>
                    </tr>
                    <tr>
                        <td ><span class="red-dot"></span><a href="#">下装</a>
                        <img src="images/arrow_r.jpg"   align="right"/></td>
                    </tr>
                    <tr ><th align="left">运动</th></tr>
                    <tr>
                        <td ><span class="red-dot"></span><a href="#">运动裤</a>
                        <img src="images/arrow_r.jpg"   align="right"/></td>
                    </tr>
                    <tr>
                        <td ><span class="red-dot"></span><a href="#">跑步鞋</a>
                        <img src="images/arrow_r.jpg"   align="right"/></td>
                    </tr>
                  </table>
              </td>
              <td width="694" align="center" valign="top">
                          <a  href=""><img   src="images/pic1_ 副 本 .jpg"  id=
"focusImg"  /></a>
    <ul class="focusBox">
                                    <li onclick="showPic(1)"></li>
                                    <li onclick="showPic(2)"></li>
```

```
                    <li onclick="showPic(3)"></li>
                </ul>


</td>
        <td width="270" valign="top">
<table    height="350">
                <tr>
                    <td width="300" valign="top">
                        <table    class="table2"    width="100%"    height="100%"
cellpadding="0" cellspacing="0" border="0">
                        <tr ><th align="left">公告</th></tr>
                            <tr>
                                <td class="notice-text" >
                                    <span class="gray-dot"></span><a href="#">
XXXXXXXXXXXXXXXXXXXX</a>
                                </td>
                            </tr>
                            <tr>
                                <td class="notice-text" >
                                    <span    class="gray-dot"></span><a    href=
"#">XXXXXXXXXXXXXXXX</a>
                                </td>
                            </tr>
                            <tr>
                                <td class="notice-text">
                                    <span class="gray-dot"></span> <a href="#">
XXXXXXXXXXXXXXXXXXXXXXXXXXXX</a></td>
                            </tr>
                            <tr>
                                <td class="notice-text" >
                                    <span class="gray dot"></span> <a href="#">
XXXXXXXXXXXXXXXXX</a>
                                    </td>
                            </tr>
                            <tr>
```

```
                    <td class="notice-text" >
                        <span  class="gray-dot"></span><a href="#">
XXXXXXXXXXXXXXXXX</a>
                        </td>
                </tr>
                <tr>
                    <td class="notice-text" >
                        <span   class="gray-dot"></span>  <a   href=
"#">XXXXXXXXXXXXXXXXX</a>
                        </td>
                </tr>
                <tr>
                    <td   valign="bottom">
                     <table width="100%">
                        <tr>
                         <td><a href="#">
                         <img   src="images/link1.gif" width= "100%"/>
</a></td>
                         <td><a href="#">
                         <img   src="images/link2.gif" width= "100%"/>
</a></td>
                         <td><a href="#">
                         <img   src="images/link3.gif" width= "100%"/>
</a></td>
                        </tr>
                        <tr>
                         <td><a href="#">
                         <img    src="images/link4.gif"
                         width="100%"/></a></td>
                         <td><a href="#">
                         <img    src="images/link5.jpg"
                         width="100%"/></a></td>
                         <td><a href="#">
                         <img    src="images/link6.jpg"
                         width="100%"/></a></td>
                        </tr>
```

```
                                <tr>
                                  <td><a href="#">
                                  <img   src="images/link7.jpg"
                                  width="100%" /></a></td>
                                  <td><a href="#">
                                  <img   src="images/link8.jpg"
                                  width="100%"/></a></td>
                                  <td><a href="#">
                                  <img   src="images/link9.jpg"
                                  width="100%"/></a></td>
                                </tr>
                              </table>
                            </td>
                          </tr>
                        </table>
                      </td>
                    </tr>
                  </table>
                </td>
              </tr>
</table>
<!--中间部分结束-->
<!--底部开始-->
<table width="100%">
    <tr bgcolor="#666666">
        <td>
            <table align="center" width="1200" >
                <tr>
                    <td align="center"><img src="images/gray1.jpg" /></td>
                    <td align="center"><img src="images/gray2.jpg" /></td>
                    <td align="center"><img src="images/gray3.jpg" /></td>
                    <td align="center"><img src="images/gray4.jpg" /></td>
                    <td align="center"><img src="images/gray5.jpg" /></td>
                </tr>
            </table>
        </td>
```

```
        </tr>
    <tr>
        <td bgcolor="#efefef" align="center" class="padding-top">Copyright XXXXXXXXXXX 版权所有
      </tr>
    </table>

    <!--底部结束-->
    </body>
    <!--底部结<script type="text/javascript" src="js/test.js"></script>束-->
    </html>
```

5. 查看网页显示效果

在浏览器中查看网页显示效果。

3.3.3 实验结果

图 3-5 购物网站主页面效果图

3.4 HTML 表单

3.4.1 实验目的

掌握表单相关标记和属性的使用方法。

3.4.2　实验内容

在 Dreamweaver 中使用表单相关标记，按照图 3-6 效果制作购物网站注册页面。

图 3-6　购物网站注册页面效果图

1. 分析网页布局

采用表格布局，结构如图 3-7 所示。其中，顶部区域、logo 和 banner 区域、菜单导航区及底部区域和第 3.3 节中的实验相同。

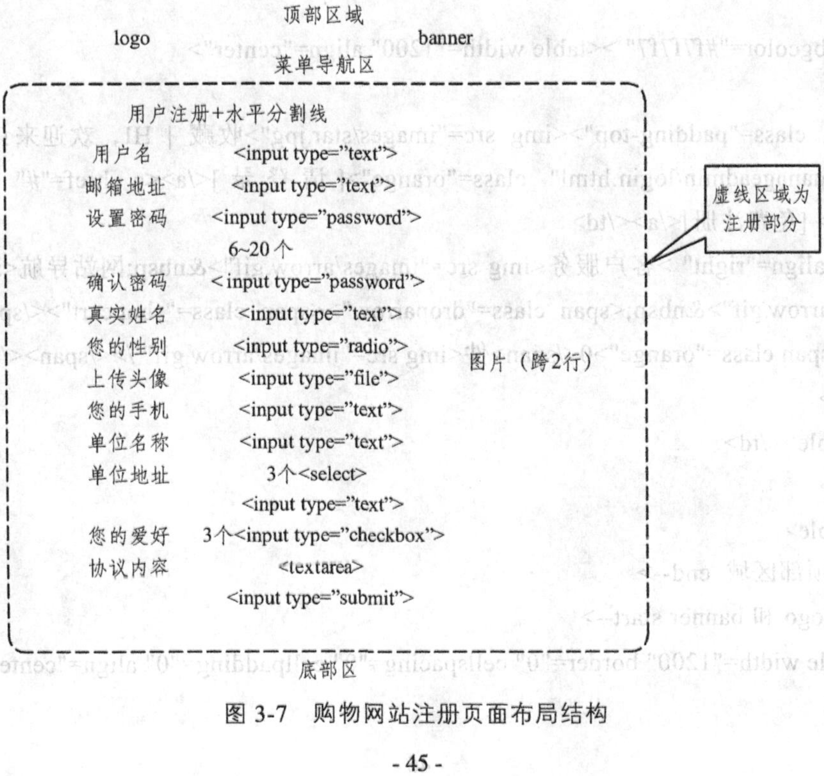

图 3-7　购物网站注册页面布局结构

2. **新建文档** register.html

打开 Dreamweaver，打开站点 shop，新建文件夹 register，在该文件夹内创建文件夹 images，将所需图片资源保存在 images 文件夹下，新建文档 register.html。

3. **设置注册部分布局**

宽度为“100%”的 1 行 1 列表格内嵌入两个 table：第一个是宽度“1000px”的 2 行 2 列表格，显示注册部分内容；第二个是宽度“1000px”的 1 行 3 列表格，显示三张图片。

4. **示例代码**

```
<!DOCTYPE html PUBLIC "-//W3C//DTD XHTML 1.0 Transitional//EN" "http://www.w3.org/TR/xhtml1/DTD/xhtml1-transitional.dtd">
<html xmlns="http://www.w3.org/1999/xhtml">
<head>
<meta http-equiv="Content-Type" content="text/html; charset=utf-8" />
<title>无标题文档</title>
</head>
<body>
<!--顶部区域 start-->
<table width="100%" border="0" cellspacing="0" cellpadding="0">
<tr>
<td bgcolor="#f7f7f7" ><table width="1200" align="center">
<tr>
<td class="padding-top"><img src="images/star.jpg">收藏 | HI，欢迎来订购！<a href="../manageadmin/login.html" class="orange">[请登录]</a><a href="#" class="orange"> [免费注册]</a></td>
<td align="right" >客户服务<img src="images/arrow.gif"> 网站导航<img src="images/arrow.gif"> <span class="droparrow"><span class="shopcart"></span>我的购物车<span class="orange">0</span>件<img src="images/arrow.gif" /></span></td>
</tr>
</table></td>
</tr>
</table>
<!--顶部区域 end-->
<!--logo 和 banner start-->
<table width="1200" border="0" cellspacing="0" cellpadding="0" align="center">
<tr>
```

```
<td height="95"><img src="images/logo.jpg"></td>
<td align="right"><img src="images/banner.jpg"></td>
</tr>
</table>
<!--logo 和 banner   end-->
<!--菜单导航 start-->
<table width="100%" bgcolor="#ce2626" >
<tr>
<td><table width="1200"   align="center" height="40">
<tr>
<td width="200"> </td>
<td width="80" align="center" >首页</td>
<td width="100" align="center">最新上架</td>
<td width="100" align="center">品牌活动</td>
<td width="100" align="center">原厂直供</td>
<td width="80" align="center">团购</td>
<td width="100" align="center">限时抢购</td>
<td width="100" align="center">促销打折</td>
<td width="200" align="center"> </td>
</tr>
</table></td>
</tr>
</table>
<!--菜单导航 end-->
<!--注册部分 start-->
<table width="100%" border="0" cellspacing="0" cellpadding="0"
 bgcolor="#f8f8f8">
<tr>
<td>
<table width="1000" border="0" cellspacing="0" cellpadding="0"
            bgcolor="#ffffff" align="center">
<tr>
<td valign="top"><h2 align="center">用户注册</h2>
<hr width="90%" align="center" color="#ccc"/></td>
<td width="420" rowspan="2" valign="middle">
<img src="images/zhuce_pic.jpg" align="right"/></td>
</tr>
```

```
<tr>
<td valign="top">
<form action="#" method="post" enctype="multipart/form-data">
<table width="90%" border="0" cellspacing="0" cellpadding="0"
                    class="reg" align="center">
<tr>
<td width="80">用户名：</td>
<td><input name="userName" type="text" id="userName"
                              value="请输入用户名" /></td>
</tr>
<tr>
<td>邮箱地址：</td>
<td><input name="email" type="text" id="email"
                              value="请输入邮箱地址" /></td>
</tr>
<tr>
<td>设置密码：</td>
<td><input name="userPwd" type="password" id="userPwd" /></td>
</tr>
<tr>
<td> </td>
<td class="gray12">6-20 个字符，由字母、数字和符号的两种以上组合。 </td>
</tr>
<tr>
<td>确认密码：</td>
<td><input name="userRePwd" type="password" id="userRePwd" /></td>
</tr>
<tr>
<td>真实姓名：</td>
<td><input name="realName" type="text" id="realName"
                             value="请输入真实姓名" /></td>
</tr>
<tr>
<td>您的性别：</td>
<td><input type="radio" name="sex" value="radio" checked/>男
<input type="radio" name="sex" value="radio" />女</td>
</tr>
```

```
<tr>
<td>上传头像</td>
<td><input type="file" name="headPic" id="headPic" /></td>
</tr>
<tr>
<td>您的手机：</td>
<td><input name="mobile" type="text" id="mobile"
                    value="请输入您的手机号" /></td>
</tr>
<tr>
<td>单位名称：</td>
<td><input name="company" type="text" id="company"
                    value="请输入单位名称" /></td>
</tr>
<tr>
<td>单位地址：</td>
<td><select name="province">
<option>请选择省份</option>
<option>北京市</option>
<option>上海市</option>
<option>山东省</option>
</select>
<select name="city">
<option>请选择城市</option>
<option>青岛市</option>
<option>济南市</option>
<option>东营市</option>
</select>
<select name="area">
<option>请选择区</option>
<option>四方区</option>
<option>市南区</option>
<option>市北区</option>
</select></td>
</tr>
<tr>
<td>单位地址：</td>
```

```
<td><select name="province" id="province">
<option>-请选择省份-</option>
</select>
<select name="city" id="city">
<option>-请选择城市-</option>
</select>
<select name="area" id="area">
<option>-请选择区-</option>
</select></td>
</tr>
<tr>
<td> </td>
<td><input name="address" type="text" id="address"
                    value="请输入街道地址" /></td>
</tr>
<tr>
<td>您的爱好：</td>
<td><input name="hobby" type="checkbox" value="购物" />购物
<input name="hobby" type="checkbox" value="影视" />影视
<input name="hobby" type="checkbox" value="餐饮" />餐饮</td>
</tr>
<tr>
<td>协议内容：</td>
<td><textarea cols="30" rows="3"></textarea></td>
</tr>
<tr>
<td> </td>
<td><input type="submit" name="button" value="提交" /></td>
</tr>
</table>
</form></td>
</tr>
</table>
<!--三大模块图片-->
<table width="1000" border="0" cellspacing="0" cellpadding="0" align="center"
bgcolor="#FFFFFF" >
<tr>
```

```
<td align="center"><a href="#"><img src="images/shop.jpg"/></a></td>
<td align="center"><a href="#"><img src="images/movie.jpg"/></a></td>
<td align="center"><a href="#"><img src="images/food.jpg"/></a></td>
</tr>
</table></td>
</tr>
</table>
<!--注册部分 end-->
<!--底部 start-->
<table width="100%" border="0" cellspacing="0" cellpadding="0" bgcolor="#6a6665">
<tr>
<td bgcolor="#efefef" align="center">
    Copyright   XXXXXXXXXXXXXX 版权所有
</tr>
</table>
<!--底部 end-->
</body>
</html>
```

5. 查看网页显示效果

在浏览器中查看网页显示效果。

3.4.3 实验结果

图 3-8　购物网站注册页面效果图

3.5 HTML 框架应用

3.5.1 实验目的

掌握框架相关标记和属性的使用方法。

3.5.2 实验内容

（1）在 Dreamweaver 中使用表单的相关标记，按照图 3-9 所示的效果制作购物网站管理页面。

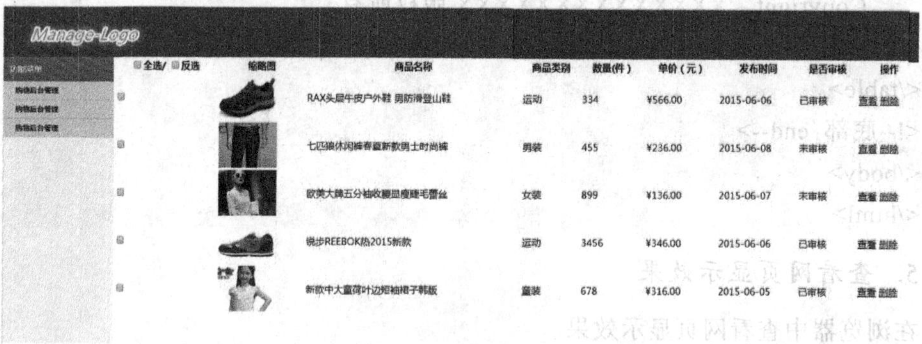

图 3-9 管理页面（商品列表）效果图

（2）当点击“添加商品”时，跳转到添加商品页面，效果如图 3-10 所示。

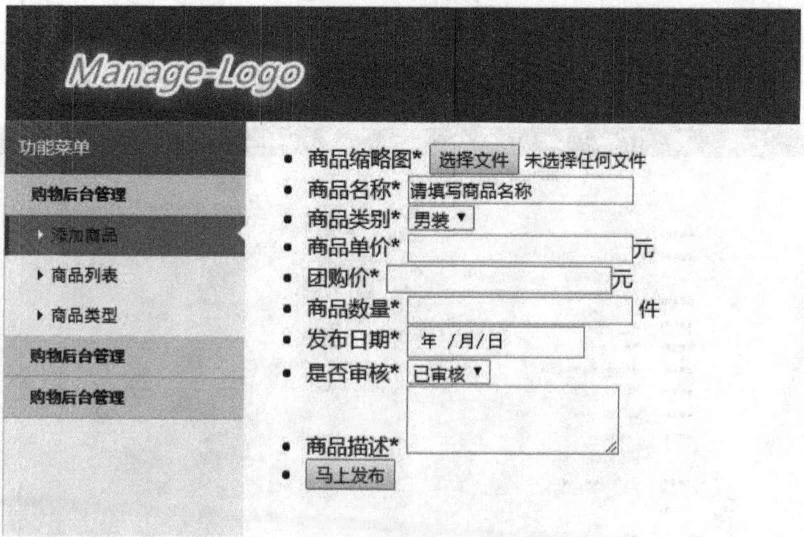

图 3-10 “添加商品”页面效果图

1. 新建文件夹 images

打开 Dreamweaver，打开站点 shop，新建文件夹 manage，在该文件夹内创建文件夹 images，将所需图片资源保存在 images 文件夹下。

2. 新建文件 top.html

新建文件 top.html，使用正确标记及属性制作管理页面顶部子框架内容,如图 3-11 所示。

图 3-11　top.html 效果图

3. 新建文件 left.html

新建文件 left.html，使用正确标记及属性制作左侧子框架内容，如图 3-12 所示。

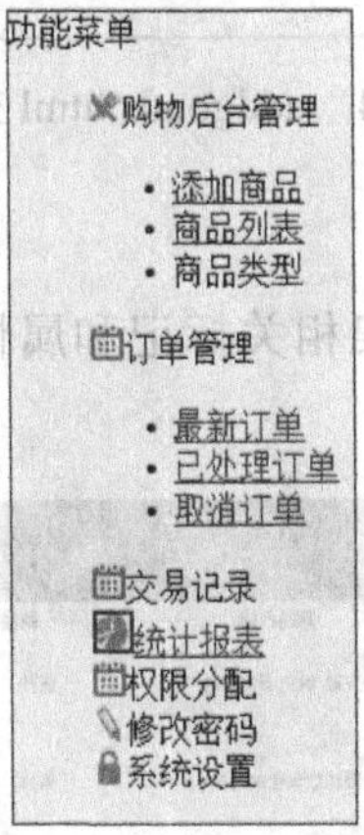

图 3-12　left.html 效果图

4. 新建文件 shoplist.html

新建文件 shoplist.html，使用正确标记及属性制作右侧子框架内容，如图 3-13 所示。

全选/ 反选	缩略图	商品名称	商品类别	数量(件)	单价（元）	发布时间	是否审核	操作
		RAX头层牛皮户外鞋 男防滑登山鞋	运动	334	¥566.00	2015-06-06	已审核	查看 删除
		七匹狼休闲裤春夏新款男士时尚裤	男装	455	¥236.00	2015-06-08	未审核	查看 删除
		欧美大牌五分袖收腰显瘦睫毛蕾丝	女装	899	¥136.00	2015-06-07	未审核	查看 删除
		锐步REEBOK热2015新款	运动	3456	¥346.00	2015-06-06	已审核	查看 删除
		新款中大童荷叶边短袖裙子韩版	童装	678	¥316.00	2015-06-05	已审核	查看 删除

图 3-13　shoplist.html 效果图

5. 新建文件 addgoods.html

新建文件 addgoods.html，使用相关标记和属性制作添加商品页面，如图 3-14 所示。

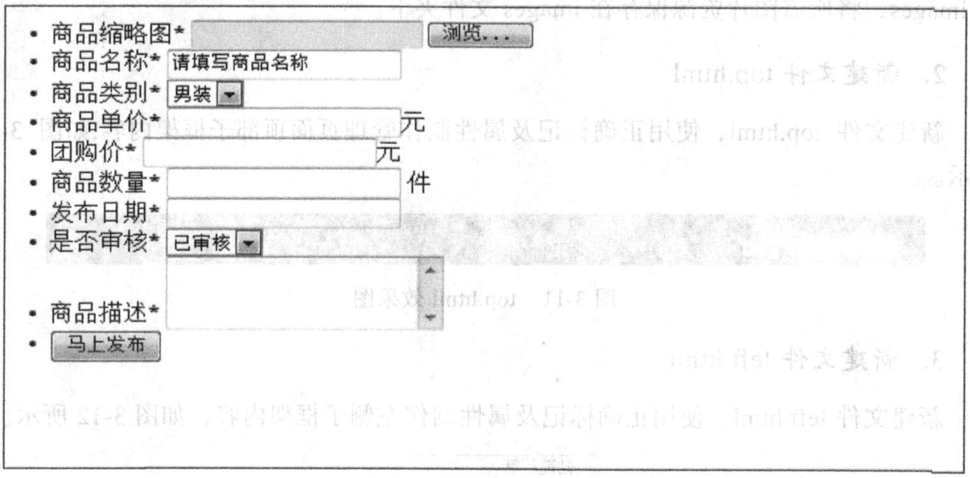

图 3-14　addgoods.html 效果图

6. 新建文件 main.html

新建文件 main.html，使用框架相关标记和属性制作管理页面主框架，如图 3-15 所示。

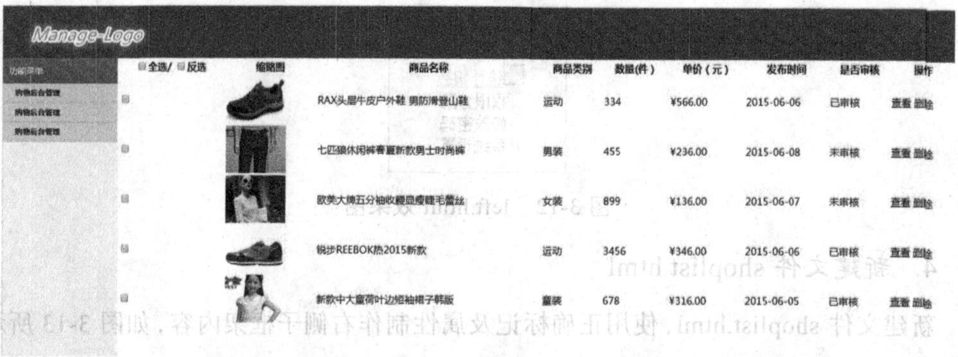

图 3-15　管理页面（商品列表）效果图

7. 示例代码

（1）top.html:

```
<!DOCTYPE html PUBLIC "-//W3C//DTD XHTML 1.0 Transitional//EN" "http://www.w3.org/TR/xhtml1/DTD/xhtml1-transitional.dtd">
<html xmlns="http://www.w3.org/1999/xhtml">
<head>
<meta http-equiv="Content-Type" content="text/html; charset=utf-8" />
```

```
<title>无标题文档</title>
</head>
<body style="background:url(images/topbg.gif) repeat-x;">
<div><img src="images/logo.png" title="系统首页" /></div>
</body>
</html>
```

（2）left.html:

```
<!DOCTYPE html PUBLIC "-//W3C//DTD XHTML 1.0 Transitional//EN" "http://www.w3.org/TR/xhtml1/DTD/xhtml1-transitional.dtd">
<html xmlns="http://www.w3.org/1999/xhtml">
<head>
<meta http-equiv="Content-Type" content="text/html; charset=utf-8" />
<title>无标题文档</title>
</head>
<body  bgcolor="#f0f9fd">
<div>功能菜单</div>
<dl>
<dd>
<div><img src="images/leftico05.png" />购物后台管理</div>
<ul>
<li><a href="addgoods.html" target="rightFrame">添加商品</a></li>
<li><a href="shoplist.html" target="rightFrame">商品列表</a></li>
<li>商品类型</li>
</ul>
</dd>
<dd>
<div><img src="images/leftico04.png" />订单管理</div>
<ul>
<li><a href="#">最新订单</a></li>
<li><a href="#">已处理订单</a></li>
<li><a href="#">取消订单</a></li>
</ul>
</dd>
<dd>
<div><img src="images/leftico04.png" />交易记录</div>
</dd>
```

```
<dd>
<div ><a href="jqueryChart.html" target="rightFrame"><img src="images/lefticoo6.png" />统计报表</a></div>
</dd>
<dd>
<div><img src="images/lefticoo4.png" />权限分配</div>
</dd>
<dd>
<div><img src="images/lefticoo8.png" />修改密码</div>
</dd>
<dd>
<div><img src="images/lefticoo7.png" />系统设置</div>
</dd>
</dl>
</body>
</html>
```

（3）shoplist.html：

```
<!DOCTYPE html PUBLIC "-//W3C//DTD XHTML 1.0 Transitional//EN" "http://www.w3.org/TR/xhtml1/DTD/xhtml1-transitional.dtd">
<html xmlns="http://www.w3.org/1999/xhtml">
<head>
<meta http-equiv="Content-Type" content="text/html; charset=utf-8" />
<title>餐饮列表页面-后台管理</title>
</head>
<body>
<table >
<thead>
<tr>
<th><input name="checkAll" type="checkbox" id="checkAll" />全选/
<input name="checkOther" type="checkbox" id="checkOther" />反选
</th>
<th>缩略图</th>
<th>商品名称</th>
<th>商品类别</th>
<th>数量(件）</th>
<th>单价（元）</th>
```

```
<th>发布时间</th>
<th>是否审核</th>
<th>操作</th>
</tr>
</thead>
<tbody>
<tr>
<td><input name="checkItem" type="checkbox" value="" /></td>
<td ><img src="images/img06.png" /></td>
<td>RAX 头层牛皮户外鞋男防滑登山鞋</td>
<td>运动</td>
<td>334</td>
<td>¥566.00</td>
<td>2015-06-06</td>
<td>已审核</td>
<td><a href="#" >查看</a>
<a href="#" >删除</a></td>
</tr>
<tr >
<td><input name="checkItem" type="checkbox" value="" /></td>
<td ><img src="images/img07.png" /></td>
<td>七匹狼休闲裤春夏新款男士时尚裤</td>
<td>男装</td>
<td>455</td>
<td>¥236.00</td>
<td>2015-06-08</td>
<td>未审核</td>
<td><a href="#" >查看</a>
<a href="#" >删除</a></td>
</tr>
<tr>
<td><input name="checkItem" type="checkbox" value="" /></td>
<td ><img src="images/img08.png" /></td>
<td>欧美大牌五分袖收腰显瘦睫毛蕾丝</td>
<td>女装</td>
<td>899</td>
```

```
<td>¥136.00</td>
<td>2015-06-07</td>
<td>未审核</td>
<td><a href="#" >查看</a>
<a href="#" >删除</a></td>
</tr>
<tr >
<td><input name="checkItem" type="checkbox" value="" /></td>
<td ><img src="images/img09.png" /></td>
<td>锐步 REEBOK 热 2015 新款</td>
<td>运动</td>
<td>3456</td>
<td>¥346.00</td>
<td>2015-06-06</td>
<td>已审核</td>
<td><a href="#">查看</a>
<a href="#" >删除</a></td>
</tr>
<tr>
<td><input name="checkItem" type="checkbox" value="" /></td>
<td ><img src="images/img10.png" /></td>
<td>新款中大童荷叶边短袖裙子韩版</td>
<td>童装</td>
<td>678</td>
<td>¥316.00</td>
<td>2015-06-05</td>
<td>已审核</td>
<td><a href="#" >查看</a>
<a href="#" >删除</a></td>
</tr>
</tbody>
</table>
</body>
</html>
```

（4）addgoods.html:

```
<!doctype html>
```

```
<html>
<head>
<meta charset="utf-8">
<title>添加商品页面-后台管理系统</title>
</head>
<body>
<form id="addgoodsForm" method="post" action="http://www.itshixun.com">
<ul>
<li>
商品缩略图<b>*</b>
<input name="thumbImage" id="thumbImage" type="file"  multiple="multiple"/>
</li>
<li>
商品名称<b>*</b>
<input name="goodsName" id="goodsName" type="text" class="dfinput" value="请填
写商品名称"
            required="required" width="600"/>
</li>
<li>
商品类别<b>*</b>
<select name="goodsType" id="goodsType">
<option>男装</option>
<option>女装</option>
<option>童装</option>
<option>运动</option>
<option>其他</option>
</select>
</li>
<li>
商品单价<b>*</b>
<input  name="unitPrice"  id="unitPrice"  type="number"   required="required"
width="100"/>元</li>
<li>
团购价<b>*</b>
<input  name="groupPrice"  id="groupPrice"  type="number"   required="required"
width="100"/>元</li>
```

```
<li>
商品数量<b>*</b>
<input name="goodsNumber" id="goodsNumber" type="number" class="dfinput" required="required" width="100"/>
件</li>
<li>
发布日期<b>*</b>
<input name="publishDate" id="publishDate" type="date" class="dfinput" required="required" width="120"/>
</li>
<li>
是否审核<b>*</b>
<select name="isChecked" id="isChecked">
<option>已审核</option>
<option>未审核</option>
</select>
</li>
<li>
商品描述<b>*</b>
<textarea name="goodsDescription" rows="3" id="content"></textarea>
</li>
<li>
<input type="submit" id="btnPublish" value="马上发布"/>
</li>
</ul>
</form>
<body>
</html>
```

（5）main.html:

```
<!DOCTYPE html PUBLIC "-//W3C//DTD XHTML 1.0 Transitional//EN"
    "http://www.w3.org/TR/xhtml1/DTD/xhtml1-transitional.dtd">
<html xmlns="http://www.w3.org/1999/xhtml">
<head>
<meta http-equiv="Content-Type" content="text/html; charset=utf-8" />
<title>后台管理系统</title>
</head>
```

```
<frameset rows="88,*" cols="*" frameborder="no" border="0" framespacing="0">
<frame src="top.html" name="topFrame" scrolling="no" noresize="noresize"
        id="topFrame" title="topFrame" />
<frameset cols="187,*" frameborder="no" border="0" framespacing="0">
<frame src="left.html" name="leftFrame" scrolling="no" noresize="noresize"
        id="leftFrame" title="leftFrame" />
<frame src="shoplist.html" name="rightFrame" id="rightFrame"
        title="rightFrame" />
</frameset>
</frameset>
<noframes>
<body>您的浏览器不支持框架集</body>
</noframes>
</html>
```

8. 查看网页显示效果

在浏览器中查看 main.html 网页显示效果。

3.5.3 实验结果

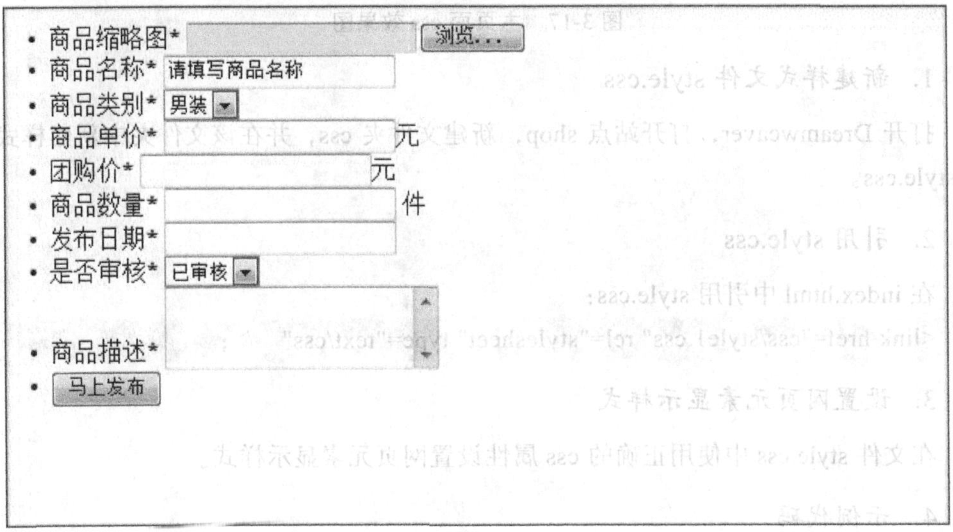

图 3-16 “添加商品”页面效果图

3.6 CSS 基础应用

3.6.1 实验目的

（1）掌握 CSS 样式表的基本语法和使用方式。
（2）掌握 CSS 各种样式属性的使用方法。

3.6.2 实验内容

在 Dreamweaver 中使用 CSS，按照图 3-17 所示的效果对购物网站主页面进行样式设置。

图 3-17 主页面 css 效果图

1. 新建样式文件 style.css

打开 Dreamweaver，打开站点 shop，新建文件夹 css，并在该文件夹中新建样式文件 style.css。

2. 引用 style.css

在 index.html 中引用 style.css：

```
<link href="css/style1.css" rel="stylesheet" type="text/css"   />;
```

3. 设置网页元素显示样式

在文件 style.css 中使用正确的 css 属性设置网页元素显示样式。

4. 示例代码

```
/* 页面设置 */
body{font-size:12px;font-family:microsoft yahei;margin:0;color:#000}
a{color:#000;text-decoration:none}
```

```
a:hover{color:#ce2626;text-decoration:none}
img{border:none}
/* 顶部区域 */
.padding-top{padding-top:8px}
.top_line{border-bottom:1px solid #ccc;font-size:12px;font-family:"宋体";line-height:30px}
.orange{ font-weight:700; color:#f60}
/* 菜单导航区 */
.nav_font16{font-size:16px;font-weight:700}
a.white{color:#fff;text-decoration:none}
a.white:hover{color:#ff0;text-decoration:none}
/*左侧导航*/
.table1tr th{height:25px;background:#e5e4e1;
font-size:15px;text-indent:10px;text-align:left}
.table1 tr td{height:20px;background:#fafafa;
font-size:14px;text-indent:10px;text-align:left}
.red_dot{font-size:25px;margin-right:10px;background:url(../images/red_dot.gif)
no-repeat;width:8px;height:8px;display:inline-block}
/*右侧公告*/
.notice_title{height:33px;background:#e5e4e1;font-size:16px;text-indent:20px;text-align:left}
.notice_text{height:33px;background:#fafafa;font-size:14px;text-indent:10px;text-align:left}
.grey_dot{color:#ccc;font-size:25px;margin-right:10px;background:url(../images/gray_
dot.gif) no-repeat;width:8px;height:8px;display:inline-block}
```

5. **查看网页显示效果**

在浏览器中查看 main.html 网页显示效果。

3.6.3　实验结果

图 3-18　主页面 css 效果图

3.7 CSS+DIV 页面布局

3.7.1 实验目的

掌握 CSS+DIV 进行页面布局的方法。

3.7.2 实验内容

使用 DIV+CSS，按照图 3-19 所示的效果制作购物网站购物列表页面。

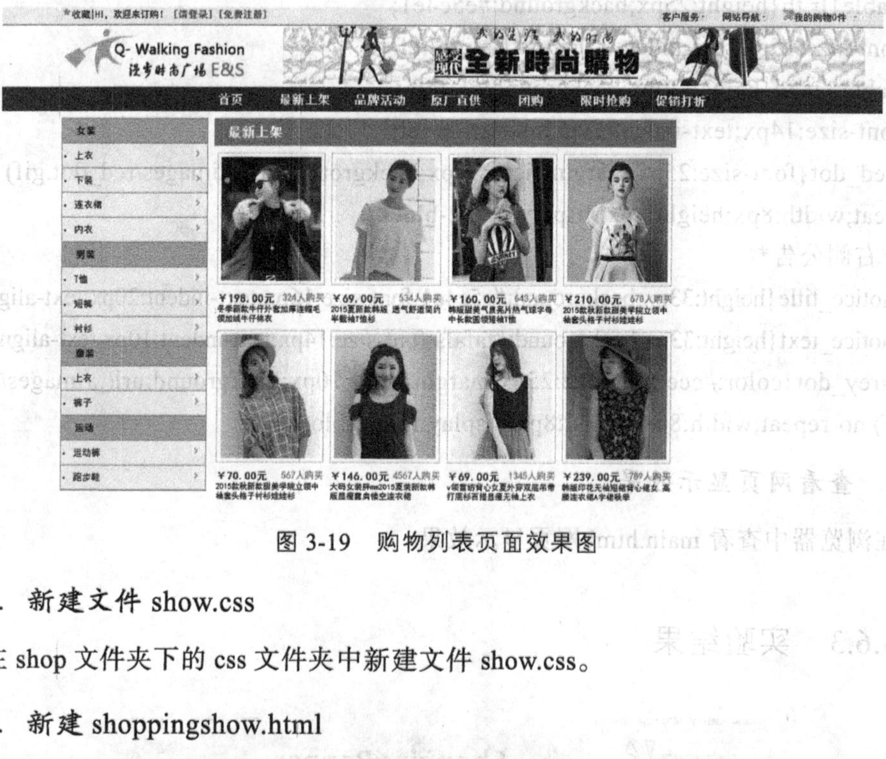

图 3-19 购物列表页面效果图

1. 新建文件 show.css

在 shop 文件夹下的 css 文件夹中新建文件 show.css。

2. 新建 shoppingshow.html

在 shop 文件夹中新建 shoppingshow.html 购物列表页面文件。

3. 实现 shoppingshow.html 页面布局

使用 DIV+CSS，实现 shoppingshow.html 页面布局。

4. 示例代码

```
Shoppingshow.html:
<!DOCTYPE html PUBLIC "-//W3C//DTD XHTML 1.0 Transitional//EN"
```

```
"http://www.w3.org/TR/xhtml1/DTD/xhtml1-transitional.dtd">
    <html xmlns="http://www.w3.org/1999/xhtml">
    <head>
    <meta http-equiv="Content-Type" content="text/html; charset=utf-8" />
    <title>无标题文档</title>
    <link href="css/show.css" rel="stylesheet" type="text/css" />
    <link href="css/style.css" rel="stylesheet" type="text/css" />

    <style type="text/css">
    body {
        margin-left: 0px;
        margin-top: 0px;
        margin-right: 0px;
        margin-bottom: 0px;
    }
    </style>
    </head>

    <body>
    <div class="top">
    <div class="top-content">
    <div class="topl"><img src="images/star.jpg" />收藏|HI，欢迎来订购！
    <a href="#" class="orange">[请登录]</a>
    <a href="../register/register.html" class="orange" >[免费注册]</a></div>
    <div class="topr">客户服务<img src="images/arrow.gif" /> 
    网站导航<img src="images/arrow.gif" /> 
    <img  src="images/shoppingcart.png"  />我的购物<span  class="orange">0</span>件
<img src="images/arrow.gif" /></div>
    </div>
    </div>
    <div class="logo">
    <div class="logol"><a href="#"><img src="images/logo.jpg" /></a></div>
    <div class="logor"><a href="#"><img src="images/banner.jpg" /></a></div>
    </div>
    <div class="nav-bg">
    <div  class="nav-content"><ul  class="nav"><li><a  href="#"  class="nav-font"  >首页
```

```
</a></li><li><a href="#" class="nav-font"> 最 新 上 架 </a></li><li><a href="#" class="nav-font" >品 牌 活 动 </a></li><li><a href="#" class="nav-font" >原 厂 直 供 </a></li><li><a href="#" class="nav-font" >团购</a></li><li><a href="#" class="nav-font" >限时抢购</a></li><li><a href="#" class="nav-font">促销打折</a></li></ul></div>
    </div>
    <div class="main">
    <ul class="menu">
    <li ><span class="title">女装</span></li>
    <li><span class="red-dot"></span><a href="#" > 上 衣 </a><span class="right_arrow"></span></li>
    <li><span class="red-dot"></span><a href="#" > 下 装 </a><span class="right_arrow"></span></li>
    <li><span class="red-dot"></span><a href="#" > 连 衣 裙 </a><span class="right_arrow"></span></li>
    <li><span class="red-dot"></span><a href="#" > 内 衣 </a><span class="right_arrow"></span></li>
    <li><span class="title">男装</span></li>
    <li><span class="red-dot"></span><a href="#" >T 恤 </a><span class="right_arrow"></span></li>
    <li><span class="red-dot"></span><a href="#" > 短 裤 </a><span class="right_arrow"></span></li>
    <li><span class="red-dot"></span><a href="#" > 衬 衫 </a><span class="right_arrow"></span></li>
    <li><span class="title">童装</span></li>
    <li><span class="red-dot"></span><a href="#" > 上 衣 </a><span class="right_arrow"></span></li>
    <li><span class="red-dot"></span><a href="#" > 裤 子 </a><span class="right_arrow"></span></li>
    <li><span class="title">运动</span></li>
    <li><span class="red-dot"></span><a href="#" > 运 动 裤 </a><span class="right_arrow"></span></li>
    <li><span class="red-dot"></span><a href="#" > 跑 步 鞋 </a><span class="right_arrow"></span></li>
    </ul>
    <div class="middle"><h1 class="pic-title">最新上架</h1>
    <div class="pic-list"><dl>
```

```
<div><a href="shoppingDetail.html" target="_blank"><img src="images/shopshow/yifu1.jpg" /></a></div>
<dt><span class="price"> ¥ 198.00 元 </span><span class="font12">324 人购买</span></dt>
<dd>冬季新款牛仔外套加厚连帽毛领加绒牛仔棉衣</dd>
</dl>
<dl>
<div><img src="images/shopshow/yifu2.jpg" /></div>
<dt><span class="price"> ¥ 69.00 元 </span><span class="font12">534 人购买</span></dt>
<dd>2015 夏新款韩版透气舒适简约半截袖 T 恤衫</dd>
</dl>
<dl>
<div><img src="images/shopshow/yifu3.jpg" /></div>
<dt><span class="price"> ¥ 160.00 元 </span><span class="font12">643 人购买</span></dt>
<dd>韩版甜美气质亮片热气球字母中长款圆领短袖 T 恤</dd>
</dl>
<dl>
<div><img src="images/shopshow/yifu4.jpg" /></div>
<dt><span class="price"> ¥ 210.00 元 </span><span class="font12">678 人购买</span></dt>
<dd>2015 款秋新款甜美学院立领中袖套头格子衬衫娃娃衫</dd>
</dl>
<dl>
<div><img src="images/shopshow/yifu5.jpg" /></div>
<dt><span class="price"> ¥ 70.00 元 </span><span class="font12">567 人购买</span></dt>
<dd>2015 款秋新款甜美学院立领中袖套头格子衬衫娃娃衫</dd>
</dl>
<dl>
<div><img src="images/shopshow/yifu6.jpg" /></div>
<dt><span class="price"> ¥ 146.00 元 </span><span class="font12">4567 人购买</span></dt>
<dd>大码女装胖 mm2015 夏装新款韩版显瘦露肩镂空连衣裙</dd>
</dl>
```

```
<dl>
<div><img src="images/shopshow/yifu7.jpg" /></div>
<dt><span class="price">￥69.00 元</span><span class="font12">1345 人购买
</span></dt>
<dd>v 领雪纺背心女夏外穿双层吊带打底衫百搭显瘦无袖上衣</dd>
</dl>
<dl>
<div><img src="images/shopshow/yifu8.jpg" /></div>
<dt><span class="price">￥239.00 元</span><span class="font12">789 人购买
</span></dt>
<dd>韩版印花无袖短裙背心裙女高腰连衣裙 A 字裙秋季</dd>
</dl>

</div>
</div>
</div>

</body>
</html>
```

Show.css:

```
.top {
    height: 30px;
    width: 100%;
    background-color: #F6F6F6;
    border-bottom-width: 1px;
    border-bottom-style: solid;
    border-bottom-color: #666;
    margin: 0px;
    padding: 0px;
}
.topl {
    margin: 0px;
    height: 25px;
```

```
    width: 50%;
    float: left;
    padding-top: 5px;
    padding-right: 0px;
    padding-bottom: 0px;
    padding-left: 0px;
}
.topr {
    margin: 0px;
    float: right;
    height: 25px;
    width: 50%;
    padding-top: 5px;
    padding-right: 0px;
    padding-bottom: 0px;
    padding-left: 0px;
    text-align: right;
}
.logo {
    padding: 0px;
    width: 1200px;
    margin-top: 0px;
    margin-right: auto;
    margin-bottom: 0px;
    margin-left: auto;
    height: 90px;
}
.nav-content {
    width: 800px;
    margin-top: 0px;
    margin-right: auto;
    margin-bottom: 0px;
    margin-left: auto;
    padding: 0px;
    height: 35px;
}
```

```
.nav {
    height: 35px;
    width: 100%;
    padding: 0px;
    margin: 0px;
}
.nav li {
    list-style-type: none;
    float: left;
    width: 12%;
    text-align: center;
    padding: 8px;
}

.logol {
    float: left;
    margin: 0px;
    padding: 0px;
}
.logor {
    margin: 0px;
    padding: 0px;
    float: right;
}
.top-content {
    padding: 0px;
    height: 30px;
    width: 1200px;
    margin-top: 0px;
    margin-right: auto;
    margin-bottom: 0px;
    margin-left: auto;
}
.nav-bg {
    height: 35px;
    width: 100%;
```

```
        background-color: #C00;
        margin: 0px;
        padding: 0px;
}
.main {
        padding: 0px;
        height: 900px;
        width: 1200px;
        margin-top: 10px;
        margin-right: auto;
        margin-bottom: 10px;
        margin-left: auto;
}
.middle {
        padding: 0px;
        height: 800px;
        width: 690px;
        float: left;
        margin-top: 0px;
        margin-right: 10px;
        margin-bottom: 0px;
        margin-left: 10px;
}
.pic-list {
        padding: 0px;
        height: 800px;
        width: 100%;
        margin-top: 10px;
        margin-right: 0px;
        margin-bottom: 10px;
        margin-left: 0px;
}
.pic-list dl {
        float: left;
        width: 25%;
        padding: 0px;
```

```
        text-align: center;
        margin-top: 0px;
        margin-right: 0px;
        margin-bottom: 10px;
        margin-left: 0px;
}
.pic-list img {
        border: 1px solid #CCC;
        padding: 5px;
        margin-top: 0px;
        margin-right: 0px;
        margin-bottom: 10px;
        margin-left: 0px;
}
.price {
        color: #F00;
        font-weight: 700;
        font-size: 16px;
        float: left;
        padding-left: 5px;
}
.font12 {
        color: #999;
        float: right;
        padding-right: 5px;
}
.pic-list dl dd {
        clear: both;
        text-align: left;
        margin: 0px;
        padding-top: 0px;
        padding-right: 5px;
        padding-bottom: 0px;
        padding-left: 5px;
        font-size: 12px;
}
```

```
.pic-title {
    background-color: #F90;
    margin: 0px;
    padding: 0px;
    height: 40px;
    width: 100%;
    line-height: 40px;
    text-indent: 20px;
    font-size: 20px;
    color: #FFF;
}

.menu {
    margin: 0px;
    padding: 0px;
    width: 220px;
    float: left;
    border: 1px solid #999;
}
.menu li {
    margin: 0px;
    padding: 0px;
    height: 35px;
    width: 100%;
    border-bottom-width: 1px;
    border-bottom-style: solid;
    border-bottom-color: #999;
    line-height: 35px;
    background-color: #F6F6F6;
    list-style-type: none;
}
.right_arrow {
    background-image: url(../images/arrow_r.jpg);
    background-repeat: no-repeat;
    float: right;
    height: 20px;
```

```
    width: 20px;
}

.menu li .title {
    background-color: #CCC;
    float: left;
    width: 100%;
    text-indent: 20px;
    font-weight: bolder;
}
```

5. 查看网页显示效果

在浏览器中运行 shoppingshow.html，查看显示效果。

3.7.3 实验结果

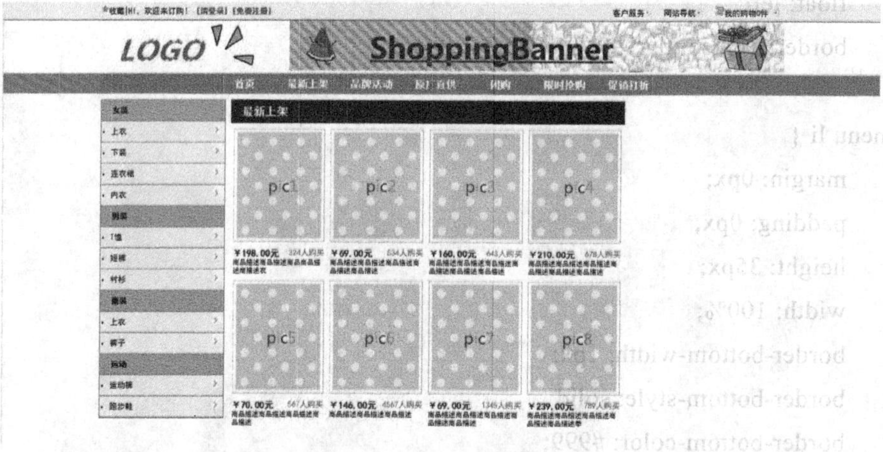

图 3-20 购物列表页面效果图

第 4 章　网页设计工具 Dreamweaver CS5

4.1　Dreamweaver CS5 概况

Dreamweaver 作为一款网页开发工具，自问世以来就备受广大网页设计爱好者的关注，其强大、完善的功能，更是得到了网页设计爱好者的肯定。本章将重点介绍 Dreamweaver CS5 的基本功能及其使用方法。

4.1.1　Dreamweaver CS5 概况

Dreamweaver 简称“DW”，中文名称“梦想编织者”，是美国 Macromedia 公司开发的一款著名网站开发工具，是集网页制作和网站管理于一身的所见即所得网页编辑软件，它的出现使网页的创作变得非常轻松，并且与 Fireworks 和 Flash 一起被人们称为“网页三剑客”。到目前为止，它是最受欢迎的网页制作软件之一。

本书将对网页设计工具 Dreamweaver CS5 进行介绍。

4.1.2　Dreamweaver CS5 界面介绍

Dreamweaver CS5 启动后，就会看到如图 4-1 所示的界面。Dreamweaver CS5 将各种操作和命令分布到不同的浮动面板上，可以随时激活和隐藏这些浮动面板，也正是这种灵活的窗口布局使得 DW 的操作更加方便。

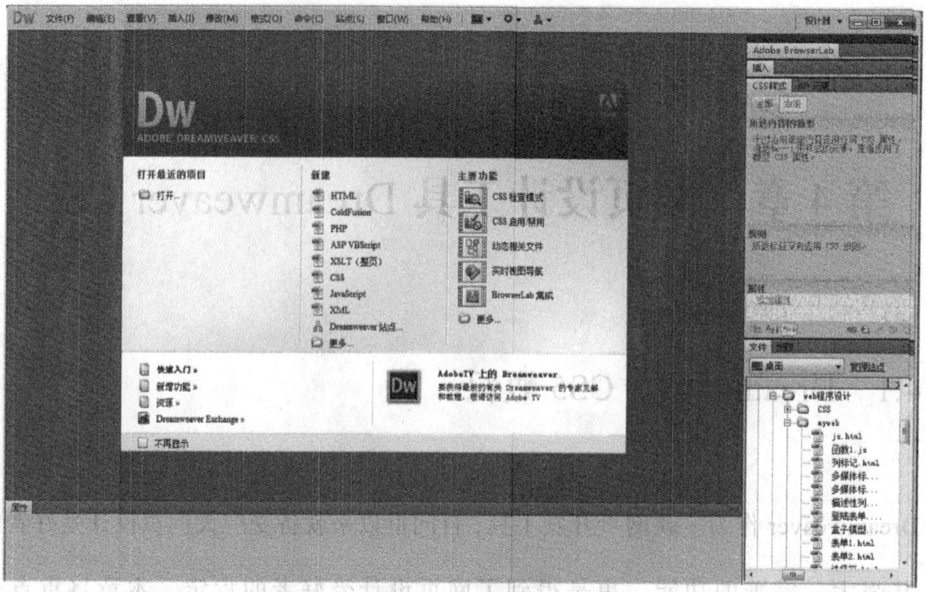

图 4-1　Dreamweaver CS5 启动界面

新建或打开一个文档，进入 Dreamweaver CS5 标准工作界面。Dreamweaver CS5 标准工作界面主要包括菜单栏、插入面板组、文档工具栏、标准工具栏、文档窗口、状态栏、属性面板和浮动面板等，如图 4-2 所示。

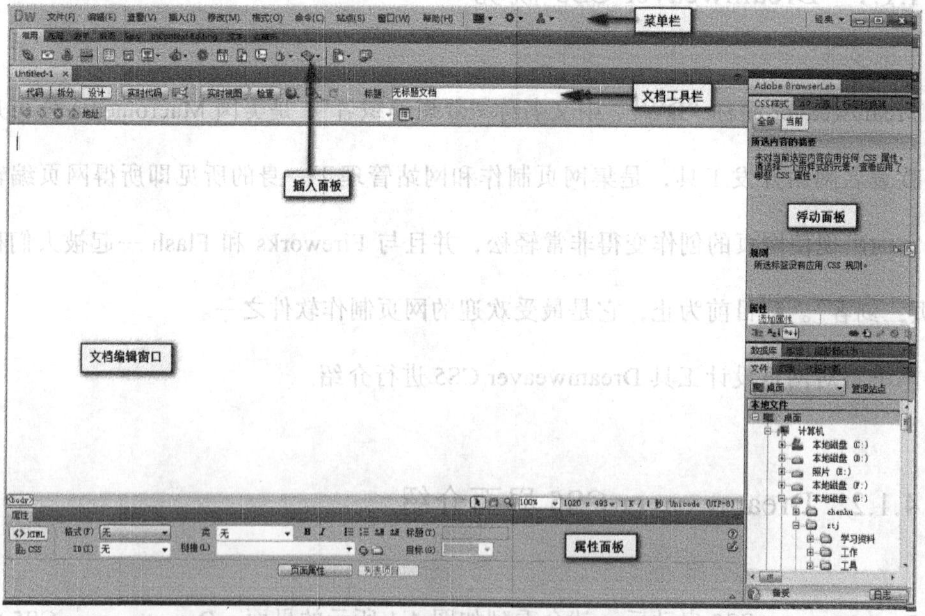

图 4-2　Dreamweaver CS5 工作界面

1. 菜单栏

Dreamweaver CS5 的菜单共有 10 个，即【文件】、【编辑】、【查看】、【插入】、【修

改】、【格式】、【命令】、【站点】、【窗口】、【帮助】菜单。此外，在菜单的右侧还增加了【布局】、【扩展】、【站点】和【设计器】4 个按钮，其中，【编辑】菜单里提供了对 Dreamweaver CS5 菜单中【首选参数】的访问，如图 4-3 所示。

图 4-3　菜单栏

【文件】：用来管理文件，如新建、打开、保存、另存为、导入、输出打印等。

【编辑】：用来编辑文本，如剪切、复制、粘贴、查找、替换和首选参数等。

【查看】：用来切换视图模式以及显示、隐藏面板、网格线等辅助视图功能。

【插入】：用来插入各种元素，如图片、多媒体组件、表格、日期、注释、Spry、框架及超级链接等。

【修改】：用来修改页面元素的属性，如在表格中插入表格，拆分、合并单元格，对齐对象等。

【格式】：用来设置文本格式，如对文本缩进、段落格式、对齐、列表、样式、CSS 样式、颜色等。

【命令】：提供各种命令的访问，如开始录制、排序表格、优化图像等所有的附加命令项。

【站点】：用来创建和管理站点，如新建与管理站点、获取与取出、上传与存回等。

【窗口】：用来显示和隐藏控制面板以及切换文档窗口，如属性、CSS 样式、AP 元素、工作区布局等。

【帮助】：内含 Dreamweaver 帮助、Spry 框架帮助、参考等联机帮助功能。例如，按下 F1 键，就会打开电子帮助文本。

2. 文档工具栏

文档工具栏包含各种按钮，它们提供各种“文档”窗口视图（如“设计”视图和“代码”视图）的选项、各种查看选项和一些常用操作（如在浏览器中预览）。通过【代码】、【拆分】、【设计】、【实时代码】按钮可以实现文本在不同的视图模式之间进行切换，如图 4-4 所示。

图 4-4　文档工具栏

文档工具栏各组成部分的功能如下：

【代码】：仅在文档窗口中显示 HTML 源代码。

【拆分】：在文档窗口中会同时显示 HTML 源代码和页面设计效果。

【设计】：仅在文档窗口中显示页面设计效果。

【实时代码】：显示浏览器用于执行该页面的实际代码。此代码以黄色突出显示，并且是不可编辑的。

【检查浏览器兼容性】按钮：检查用户的 CSS 是否对于各种浏览器均兼容。

【实时视图】：显示不可编辑的、交互式的、基于浏览器的文档视图。

【检查】：打开实时视图和检查模式。

【在浏览器中预览/调试】按钮：允许用户在浏览器中预览或调试文档。

【可视化助理】按钮：可以使用不同的可视化助理来设计页面。

【刷新设计视图】按钮：当用户在“代码”视图中进行更改后刷新文档的“设计”视图。

【文档标题】：设置或修改文档标题。用户为文档输入一个标题，它将显示在浏览器的标题栏中。

【文件管理】按钮：通过“文件管理”弹出式菜单实现消除只读属性、获取、取出、上传等功能。

3. 标准工具栏

在文档工具栏上单击鼠标右键，在弹出的快捷菜单中选择“标准”选项，将显示“标准”工具栏，如图 4-5 所示，包含来自“文件”和“编辑”菜单中的一般操作的按钮：【新建】、【打开】、【在 Bridge 中预览】、【保存】、【全部保存】、【打印代码】、【剪切】、【复制】、【粘贴】、【还原】和【重做】。

图 4-5 “标准”工具栏

4. 文档编辑窗口

当打开或创建一个项目，进入文档窗口时，我们可以在文档区域中进行输入文字、插入表格和编辑图片等操作。

“文档”窗口显示当前文档，可以选择下列任意视图：“设计”视图是一个用于可视化页面布局、可视化编辑和快速应用程序开发的设计环境，在该视图中，Dreamweaver CS5 显示文档的完全可编辑的可视化表示形式，类似于在浏览器中查看页面时看到的内容，“代码”视图是一个用于编写和编辑 HTML、JavaScript、服务器语言代码及任何其他类型代码的手工编码环境，“代码和设计”视图使用户可以在单个窗口中同时看到同一文档的“代码”视图和“设计”视图。

5. 状态栏

“文档”窗口底部的状态栏提供了用户正在创建的文档的有关信息。标签选择器显示环绕当前选定内容的标签的层次结构。单击该层次结构中的任何标签以选择该标签及其全部内容。单击<body>可以选择文档的整个正文，如图 4-6 所示。

图 4-6　状态栏

6. 属性面板

“属性”面板是非常重要的面板，它不是将所有的属性加载在面板上，而是根据我们选择的对象来动态显示对象的属性。属性面板的状态完全是随当前在文档中选择的对象来确定的。例如，当前选择了一幅图像，那么属性面板上就出现该图像的相关属性；如果选择了表格，那么属性面板会相应地变化成表格的相关属性。通常情况下，“属性”面板位于文档窗口的底部，可以通过双击“属性”使该面板显示或者隐藏，还可以通过单击并拖动的方法移动该面板到文档窗口的其他位置，如图 4-7 所示。

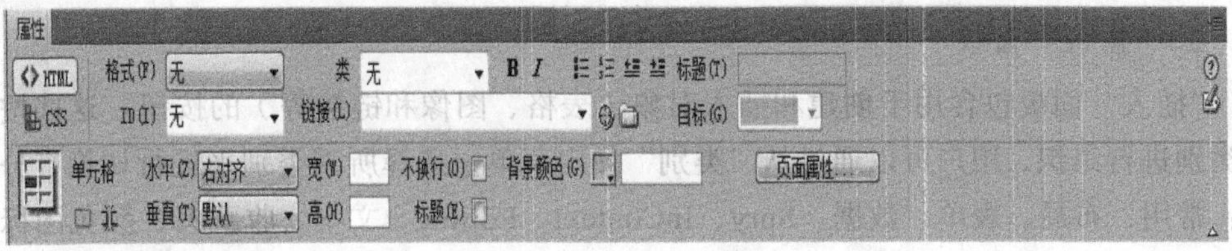

图 4-7 “属性”面板

7. 浮动面板

浮动面板组是 Dreamweaver 操作界面的一大特色,用户可以根据自己的需要选择打开相应的面板和面板组。双击组名称，可以在展开和折叠面板组两种状态之间切换，既方便用户使用，又节省了屏幕空间。这里就以“CSS 样式”面板和“插入”面板为例进行介绍。

1)“CSS 样式”面板

CSS（Cascading Style Sheet，层叠样式表或级联样式表），它定义如何显示 HTML 元素，用于控制 Web 页面的外观。通过使用 CSS 实现页面的内容与表现形式分离，极大提高了工作效率。

（1）在“当前”模式下，“CSS 样式”面板将显示 3 个窗格：“所选内容的摘要”窗格，显示文档中当前所选内容的 CSS 属性；“规则”窗格，显示所选属性的位置；“属性”窗格，允许用户编辑定义所选规则的 CSS 属性，如图 4-8 所示。

（2）在“全部”模式下，“CSS 样式”面板显示两个窗格：“所有规则”窗格，显示当前文档中定义的规则及附加到当前文档的样式表中定义的所有规则的列表；“属性”窗格，可以编辑“所有规则”窗格中任何所选规则的 CSS 属性。

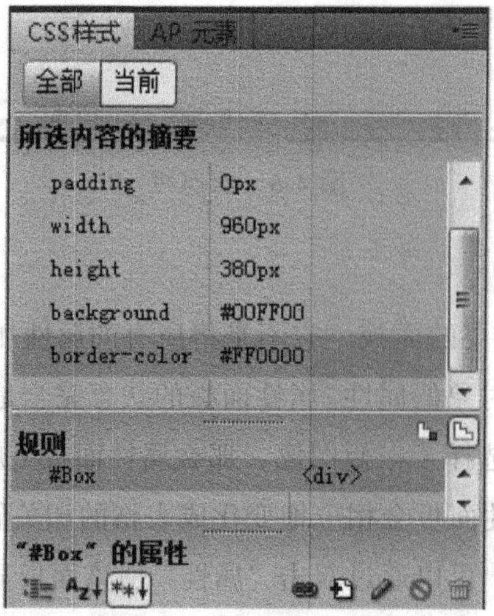

图 4-8 “CSS 样式” 面板

2）“插入” 面板

“插入” 面板包含用于创建和插入对象（表格、图像和链接等）的按钮。这些按钮按类别进行组织，用户可以通过从 “类别” 弹出菜单中选择所需类别来进行切换，分别为：常用、布局、表单、数据、Spry、InContext Editing、文本、收藏夹、颜色图标和隐藏标签，如图 4-9 所示。若当前文档（如 ASP 或 CFML 文档）包含服务器代码时，还会显示其他类别。

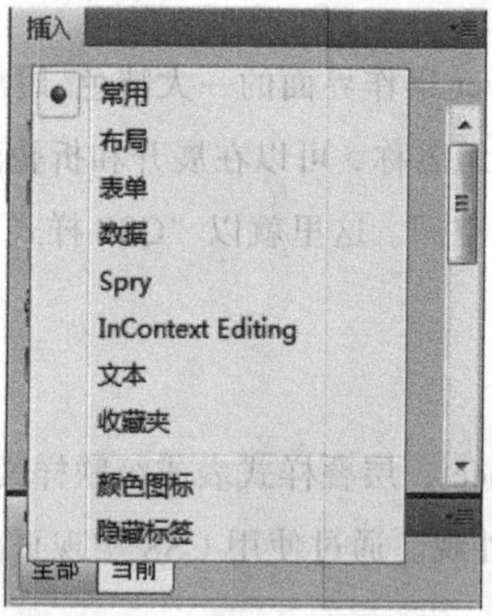

图 4-9 “插入” 面板

【常用】：用于创建和插入最常用的对象，如图像和表格。

【布局】：用于插入表格、DIV 标签、Spry 菜单栏和框架等命令。用户可以选择表格的两种视图：标准和扩展。

【表单】：用于创建表单和插入表单元素，如文本字段、文本区域等。

【数据】：用户可以插入 Spry 数据对象和其他动态元素，如记录集、动态数据、重复区域等。

【Spry】：包含一些用于构建 Spry 页面的按钮，以及 Spry 数据对象和构件。

【InContext Editing】：包含供生成 InContext 编辑页面的按钮，如用于可编辑区域、重复区域和管理 CSS 类的按钮。

【文本】：用于插入各种文本格式和列表格式的标签，如字体、标题的相关操作等。

【收藏夹】：用户可以通过自定义的方式把常用的操作添加到收藏夹中。

【颜色图标】：选中后显示彩色图标，否则为灰色图标。

【隐藏标签】：用于显示或隐藏标签。

4.1.3　自定义工作环境

Dreamweaver 为了满足不同用户的使用习惯，允许用户对工作环境进行自定义，以便提高工作效率。所谓的工作环境，包括外观、功能和视图等内容。

1. 工作区调整与管理

1）选择、调整工作区布局

Dreamweaver CS5 提供了编码器、设计器和双重屏幕等工作区布局。选择【窗口】→【工作区布局】命令，通过弹出的菜单可以实现工作布局相互切换。默认的工作布局并不一定适合所有的用户，可以通过打开、关闭工具栏和面板对工作区布局进行调整。

2）新建工作区布局

选择【窗口】→【工作区布局】→【新建工作区】命令，在弹出的对话框中输入自定义工作区布局的名称，单击【确定】按钮，新建的工作区布局名称便会显示在【工作区布局】菜单中，选择此命令可切换到相应的自定义工作区布局中。

3）管理工作区布局

选择【窗口】→【工作区布局】→【管理工作区】命令，在弹出的对话框可以对工作区进行重命名或删除命令，如图 4-10 所示。

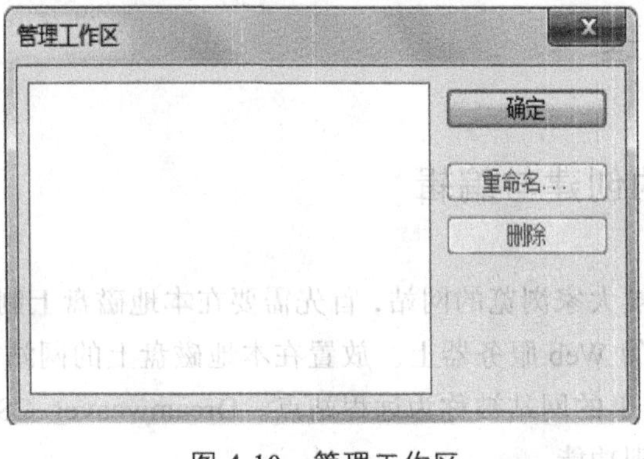

图 4-10　管理工作区

2. 工具栏和面板操作

（1）在【查看】→【工具栏】菜单中选择要显示/隐藏的工具栏名称，或者右击工具栏，从弹出的快捷菜单中选择相应的工具栏名称。

（2）选择【窗口】菜单栏中的面板名称，用来显示/隐藏某个面板。

（3）双击左上角面板组的名称，就可以展开/折叠面板组。

3. 编辑首选参数

选择【编辑】→【首选参数】命令，打开“首选参数”对话框，在“分类”列表框下选择相应的项目，设置其属性，如图 4-11 所示。

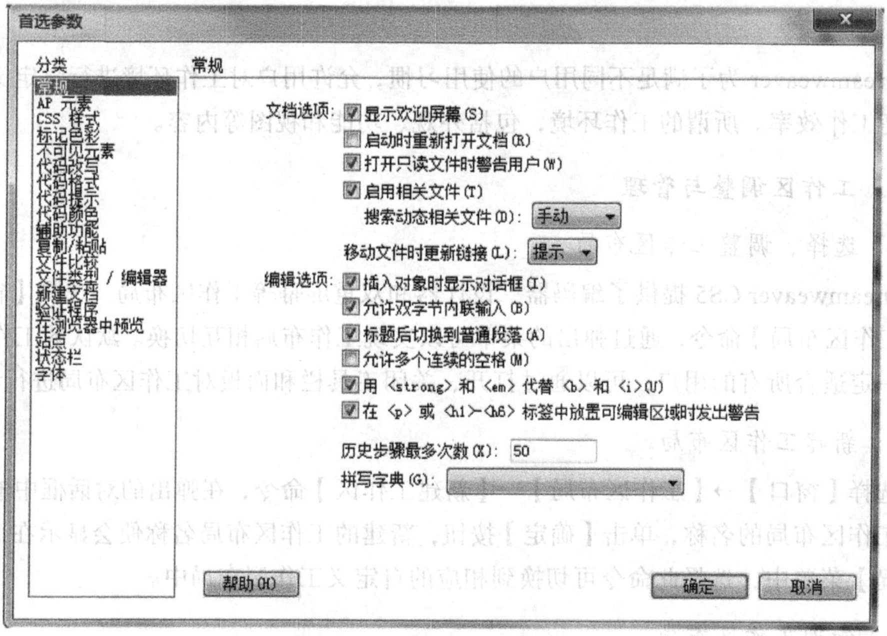

图 4-11　首选参数设置页面

4.2　站点管理

4.2.1　站点的创建与编辑

要制作一个能够被大家浏览的网站，首先需要在本地磁盘上制作这个网站，然后把这个网站传到互联网的 Web 服务器上。放置在本地磁盘上的网站被称为本地站点，位于互联网 Web 服务器里的网站被称为远程站点。Dreamweaver CS5 提供了对本地站点和远程站点强大的管理功能。

1. 创建站点

站点是一种管理网站中所有相关联文档的工具，是一种文档的组织形式。Dreamweaver CS5 是创建站点的有力工具，不仅可以创建单独的文档，还可以创建完整的 Web 站点。

1）快速创建本地站点

创建本地站点的具体步骤如下：

（1）打开 Dreamweaver CS5，选择【站点】→【新建站点】命令，如图 4-12 所示。

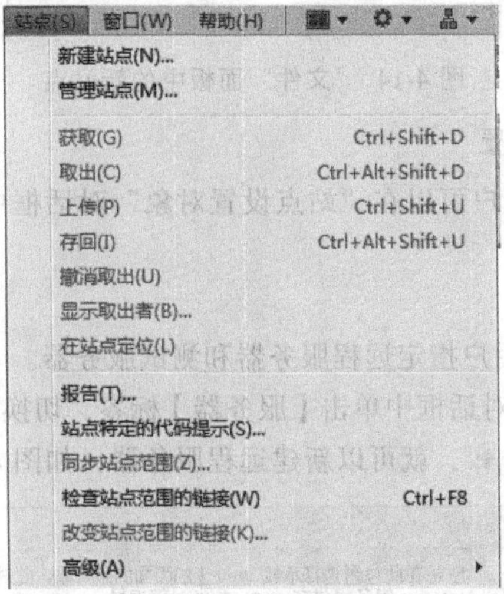

图 4-12　选择“新建站点”命令

（2）弹出“站点设置对象”对话框，在【站点名称】文本框中输入站点名称（如“MyWeb”），单击【本地站点文件夹】文本框右边的【浏览文件夹】按钮，弹出“选择根文件夹”对话框，选择站点文字，单击【选择】按钮，返回“站点设置对象 MyWeb”对话框，单击【保存】按钮，如图 4-13 所示。

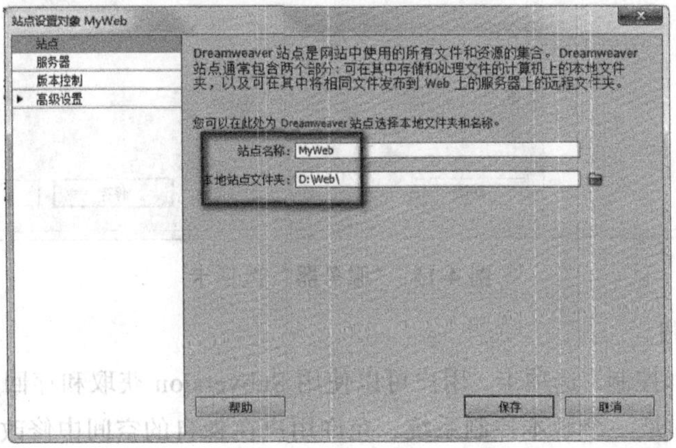

图 4-13　“站点设置对象 MyWeb”对话框（一）

（3）完成站点创建，在“文件”面板中会显示新创建的站点，如图 4-14 所示。

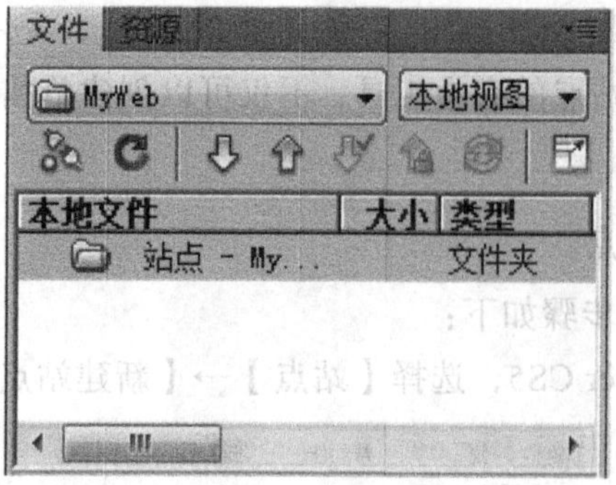

图 4-14 “文件”面板中的新站点

2）远程站点参数设置

创建远程站点时，用户可以在“站点设置对象”对话框中根据用户需要设置其他参数。

（1）设置服务器。

【服务器】类别允许用户指定远程服务器和测试服务器。

在“站点设置对象”对话框中单击【服务器】标签，切换到“服务器”选项卡，单击【添加新服务器】按钮 +，就可以新建远程服务器，如图 4-15 所示。

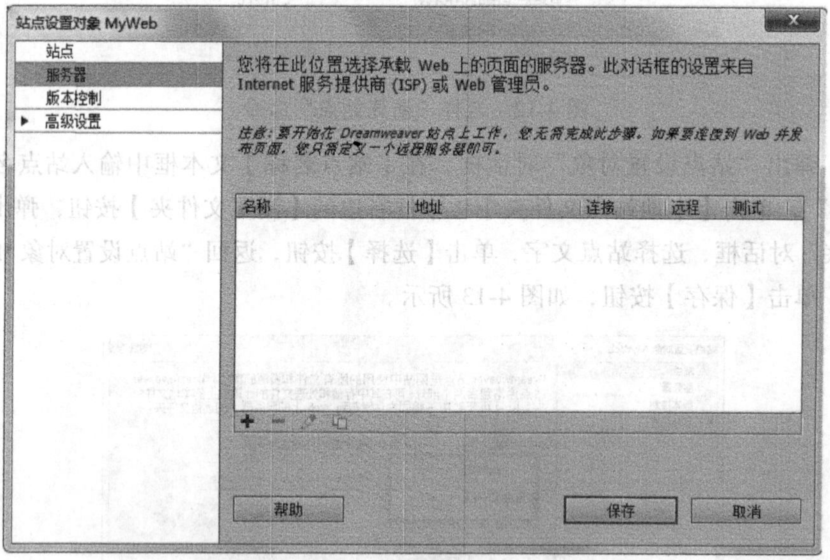

图 4-15 “服务器”选项卡

（2）版本控制。

切换到“版本控制”选项卡，用户可以使用 Subversion 获取和存回文件，如图 4-16 所示。Subversion 是一个版本控制系统，允许用户在各自的空间中修改和管理同一组数据，以促进团队协作。

（3）高级设置。

单击【高级设置】标签前的小黑三角符号，展开其扩展选项，设置站点信息。用户如果只是创建本地站点，而不是发布网页，那么可以采用系统默认参数设置。“高级设置”选项卡包括【本地信息】、【遮盖】、【设计备注】、【文件视图列】、【Contribute】、【模板】和【Spry】，如图 4-17 所示。

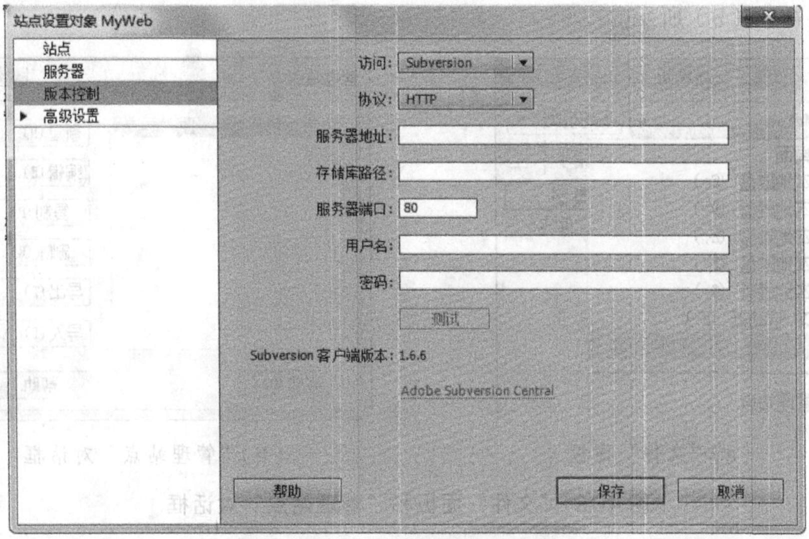

图 4-16　“版本控制”选项卡

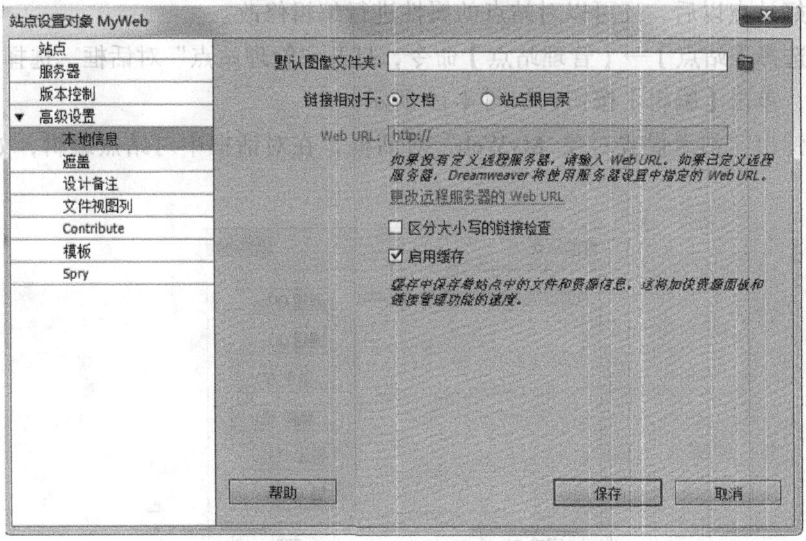

图 4-17　“高级设置”选项卡

2. 管理站点

在完成站点创建后，用户可以对本地站点的实际情况进行管理操作，如打开站点、编辑站点、删除站点和复制站点等。

1）打开站点

当利用 Dreamweaver CS5 编辑网页或进行网站管理时，每次只能操作一个站点。

（1）选择【窗口】→【文件】命令，打开“文件”面板，在【文件】下拉列表中选择【管理站点】选项，如图 4-18（a）所示。

（2）弹出“管理站点”对话框后，选择站点名称，单击【完成】按钮，即可打开站点，如图 4-18（b）所示。

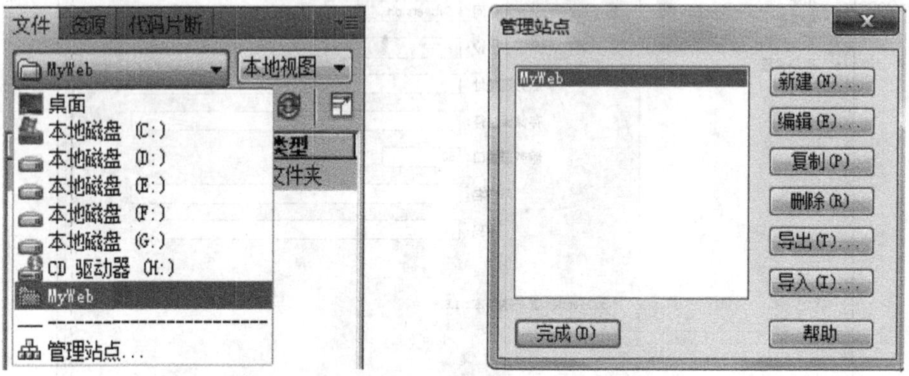

（a）“文件”面板　　（b）“管理站点”对话框

图 4-18 “文件”面板和“管理站点”对话框

2）编辑站点

创建好站点以后，还可以对站点的属性进行编辑修改。

（1）选择【站点】→【管理站点】命令，打开“管理站点”对话框，选择要编辑的站点名称，单击【编辑】按钮，如图 4-19 所示。

（2）弹出“站点设置对象 MyWeb”对话框，在对话框中对站点编辑，如图 4-20 所示。

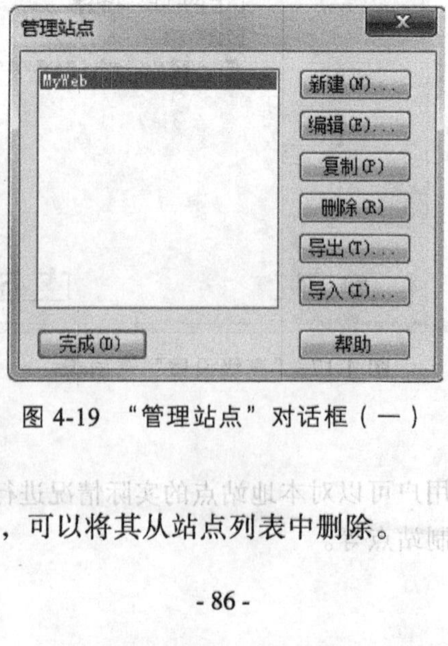

图 4-19 “管理站点”对话框（一）

3）删除站点

如果不再要某一站点，可以将其从站点列表中删除。

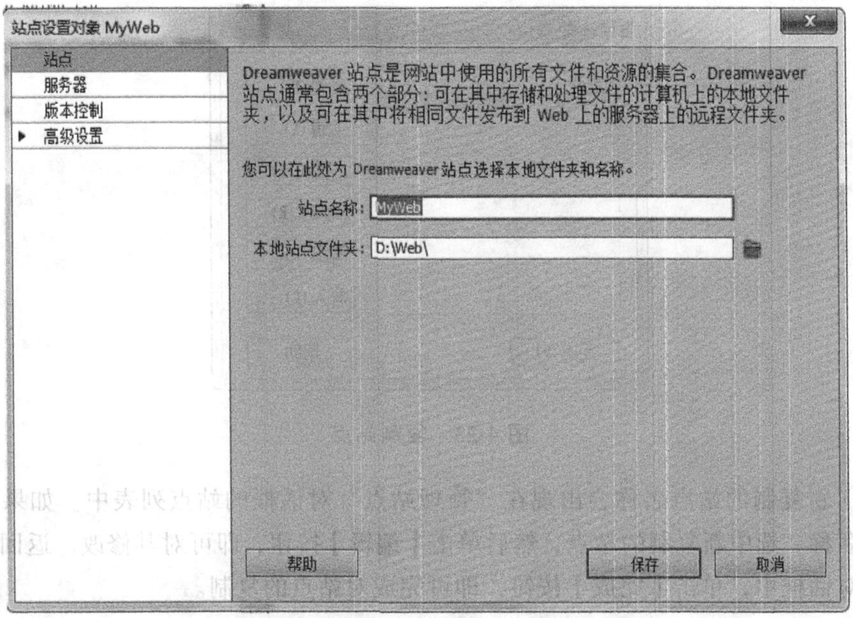

图 4-20 “站点设置对象 MyWeb”对话框（二）

（1）选择【站点】→【管理站点】命令，打开“管理站点”对话框，选择要删除的站点名称，单击【删除】按钮，如图 4-21 所示。

（2）系统弹出提示对话框，提示用户不能撤销该动作，是否要删除站点，如图 4-22 所示，单击【是】按钮，则删除本地站点。

图 4-21 “管理站点”对话框（三）

图 4-22 提示对话框

4）复制站点

如果用户希望创建多个结构相同或类似的站点，可以利用站点的复制功能将站点复制为新站点，然后对新站点进行简单的编辑。

（1）打开“管理站点”对话框，选择要复制的站点名称，单击【复制】按钮，如图 4-23 所示。

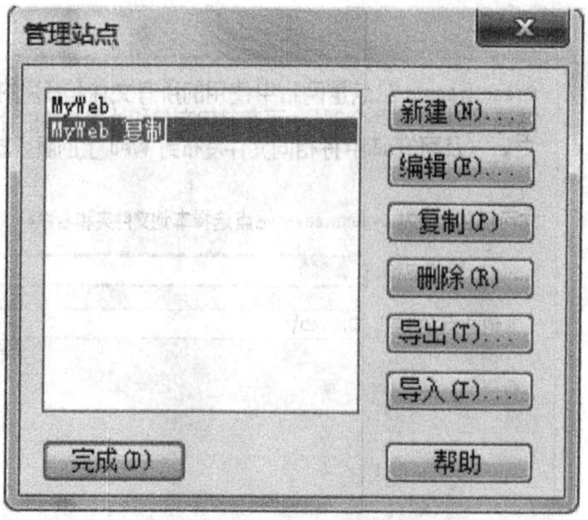

图 4-23　复制站点

（2）新复制的站点名称会出现在“管理站点”对话框的站点列表中。如果要更改站点的名称，选中新复制的站点，然后单击【编辑】按钮，即可对其修改。返回“管理站点”对话框中，单击【完成】按钮，即可完成对站点的复制。

5）导出和导入站点

在“管理站点”对话框中选中站点，通过【导出】和【导入】按钮，可以实现对 Internet 中各计算机之间站点的移动。

（1）打开“管理站点”对话框，选择要导出的站点名称，单击【导出】按钮，如图 4-24 所示。

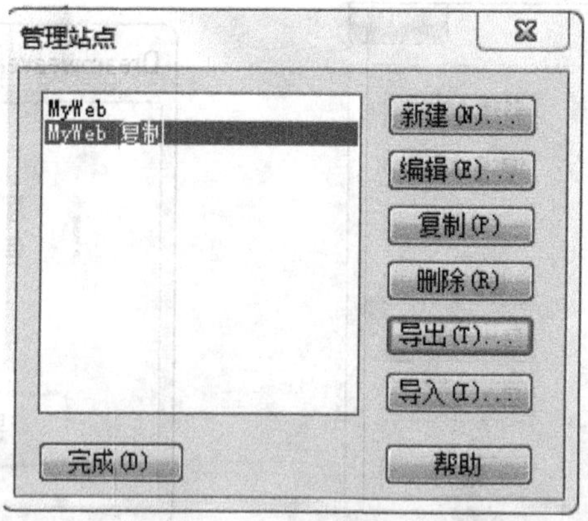

图 4-24　导出站点

（2）弹出“导出站点”对话框，在该对话框中设置导出站点的保持路径，然后单击【保持】按钮，如图 4-25 所示。返回“管理站点”对话框，单击【完成】按钮即可。

（3）以同样的方法，单击【导入】按钮，则可以将以前备份的 XML 文件重新导入到站点管理器中。

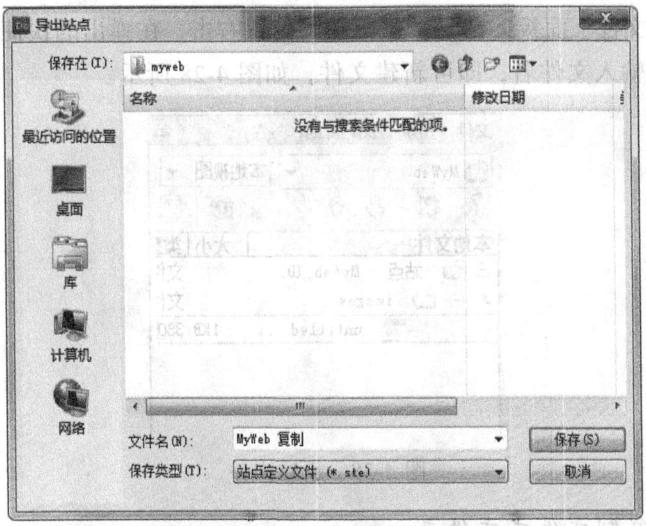

图 4-25　保存路径

4.2.2　管理站点中的文件或文件夹

网站是一个系统工程，不可能整个网站只有一个文件组成，实际情况网站一般是由很多文件组成的。利用“文件”面板，可以对本地站点中的文件或文件夹进行新建、复制和删除等操作。

1. 新建文件或文件夹

网站中的文件被统一存放在单独的文件夹内，根据文件的多少，又可以细分到子文件夹里。

（1）选择【窗口】→【文件】命令，打开“文件”面板，在要新建文件夹的位置右击，在弹出的快捷菜单中选择【新建文件夹】命令（见图 4-26），即可创建一个新文件夹。新文件夹的名称处于可编辑状态，可以对新文件夹重命名，如图 4-27 所示。

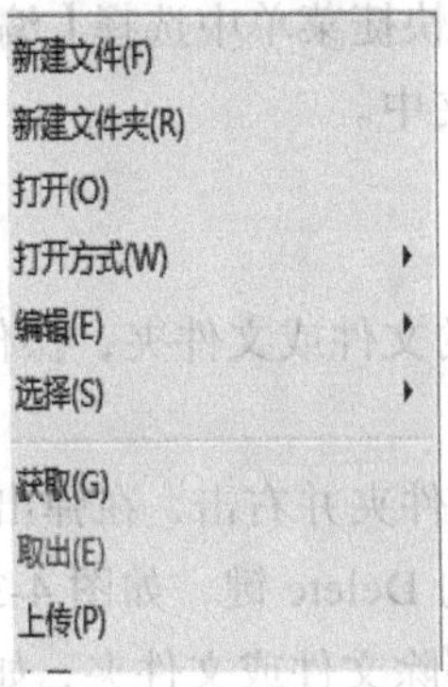

图 4-26　新建文件夹

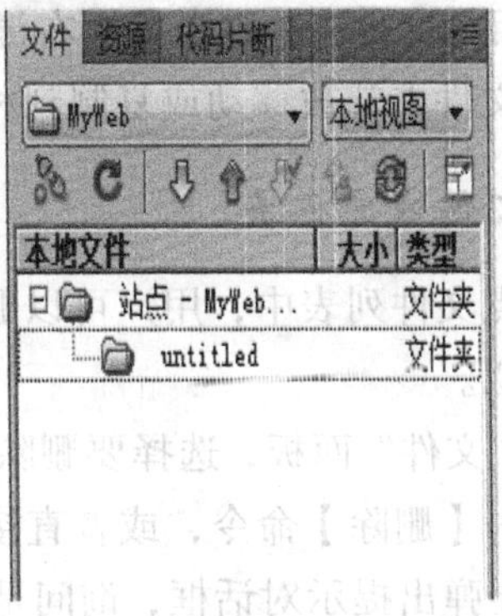

图 4-27　文件夹重命名

（2）打开“文件”面板，在要新建文件的位置右击，在弹出的快捷菜单中选择【新建文件】命令，输入文件名，即可新建文件，如图 4-28 所示。

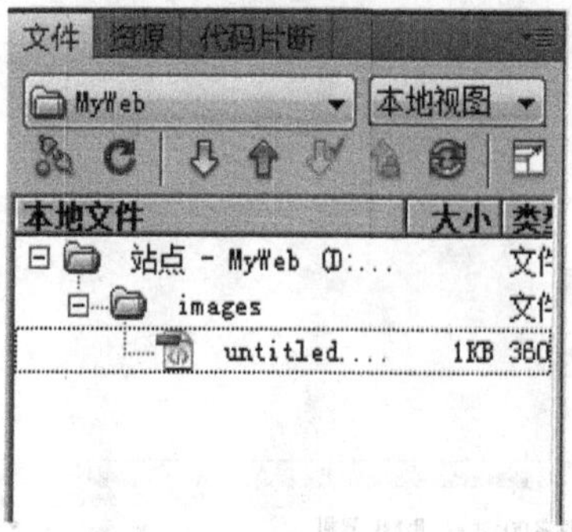

图 4-28 新建文件

2. ***移动和复制文件或文件夹***

文件的移动和复制可以通过在“文件”面板中进行剪切、复制和粘贴等操作来实现。

（1）选择【窗口】→【文件】命令，打开“文件”面板，选中要移动或复制的文件或文件夹，单击鼠标右键，在弹出的快捷菜单中选择【编辑】→【剪切】或【拷贝】命令，如图 4-29 所示。

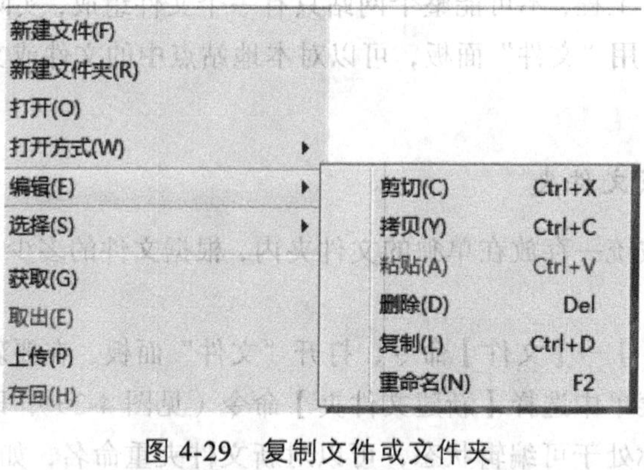

图 4-29 复制文件或文件夹

（2）选择目标文件夹，单击鼠标右键，在弹出的快捷菜单中选择【编辑】→【粘贴】命令，文件或文件夹就被移动或复制到相应的文件夹中。

3. ***删除文件或文件夹***

在本地站点文件列表中，用户可以删除不需要的文件或文件夹，操作方法和移动、复制的方法类似。

（1）打开“文件”面板，选择要删除的文件或文件夹并右击，在弹出的快捷菜单中选择【编辑】→【删除】命令，或者直接按键盘上的 Delete 键，如图 4-30 所示。

（2）系统会弹出提示对话框，询问是否要真正删除文件或文件夹，如图 4-31 所示。

单击【是】按钮后，即可将文件或文件夹删除。

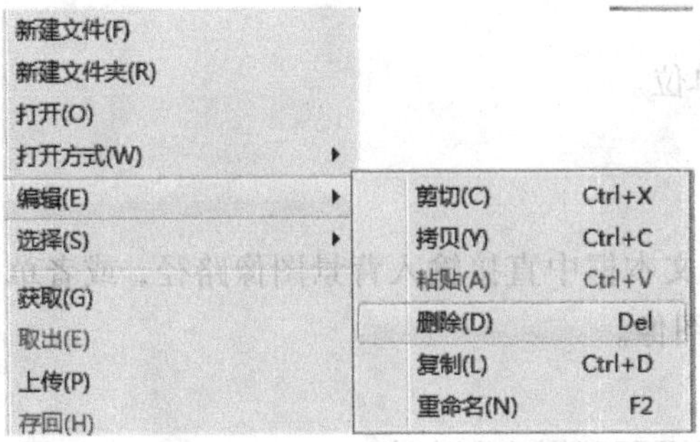

图 4-30　删除文件或文件夹

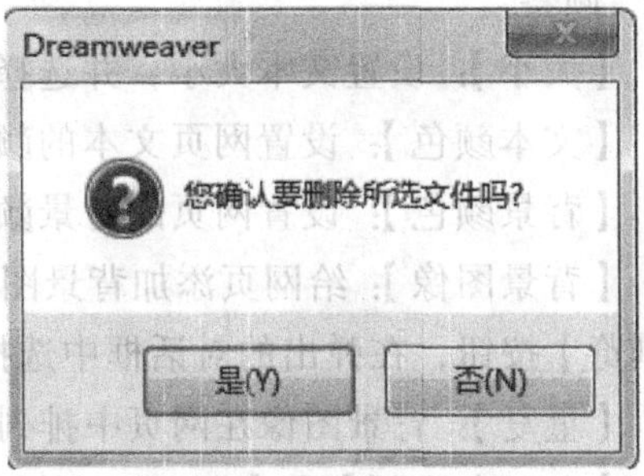

图 4-31　提示对话框

4.3　属性管理

4.3.1　设置页面属性

为了使网页中的各个元素协调一致，整个页面看起来浑然一体、美观，需要对文件进行页面属性设置。在“页面属性”对话框中设有 6 种属性，包括【外观（CSS）】、【外观（HTML）】、【链接（CSS）】、【标题（CSS）】、【标题/编码】和【跟踪图像】等属性。

1. 外观（CSS）属性

选择【修改】→【页面属性】命令，打开“页面属性”对话框，在左侧【分类】列表框中单击【外观（CSS）】标签，在其选项卡中可以设置页面字体、大小、颜色、页边距等，如图 4-32 所示。

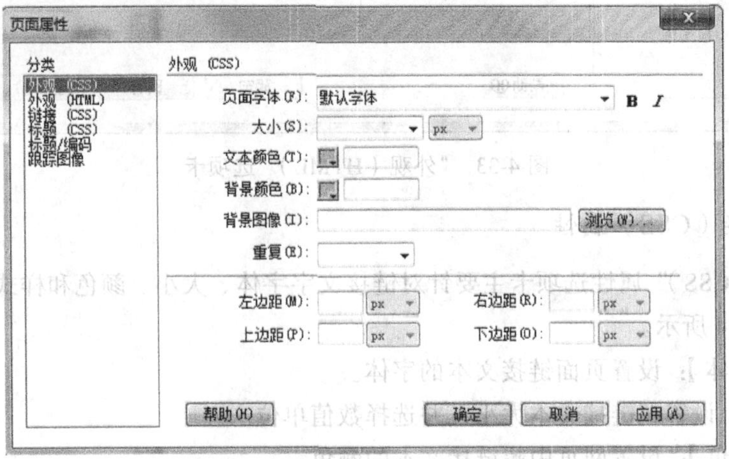

图 4-32　“外观（CSS）”选项卡

【页面字体】：单击该选项右侧的下拉按钮，选择字体并设置字体样式，如“加粗”和“倾斜”。

【大小】：设置文本大小，并选择数值单位。

【文本颜色】：设置网页文本的颜色。

【背景颜色】：设置网页的背景颜色。

【背景图像】：给网页添加背景图像。在文本框中直接输入背景图像路径，或者单击【浏览】按钮，在弹出的对话框中选择背景图像。

【重复】：背景图像在网页中排列方式。

【左、右边距】和【上、下边距】：设置页面四周边距大小。

2. 外观（HTML）属性

“外观（HTML）”属性选项卡与“外观（CSS）”属性选项卡相似，如图 4-33 所示。

【链接】：设置页面链接文本的颜色。

【已访问链接】：设置应用于已访问链接的颜色。

【活动链接】：设置当鼠标（或指针）单击超文本链接时的颜色。

其【背景图像】、【背景】、【文本】等属性与【外观（CSS）】的属性类似。

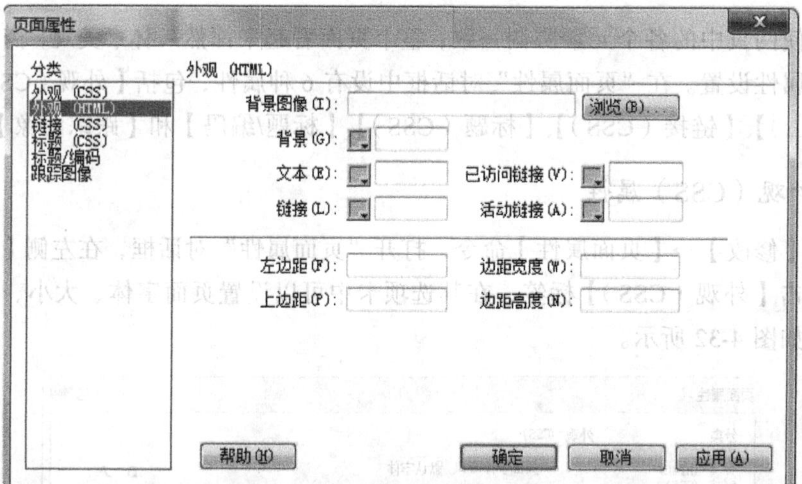

图 4-33 “外观（HTML）”选项卡

3. 链接（CSS）属性

“链接（CSS）”属性选项卡主要针对链接文字字体、大小、颜色和样式属性进行设置，如图 4-34 所示。

【链接字体】：设置页面链接文本的字体。

【大小】：设置超链接文本大小，并选择数值单位。

【链接颜色】：设置网页中超链接文本的颜色。

【变换图像链接】：设置当鼠标（或指针）移动到超链接文字上方时，超链接文本的颜色。

【已访问链接】：设置应用于已访问链接文本的颜色。

【活动链接】：设置当鼠标（或指针）单击超文本链接时的颜色。

【下划线样式】：设置当鼠标（或指针）移动到超链接文本上方时，采用的下划线样式。

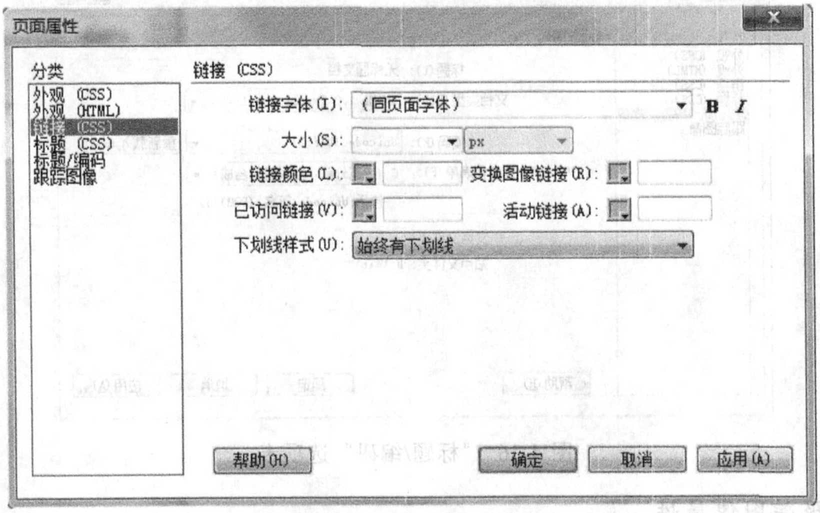

图 4-34　“链接（CSS）”选项卡

4. 标题（CSS）属性

“标题（CSS）”属性选项卡主要是设置和标题相关的各种属性。其中，可以设置各种标题的字体样式、大小及颜色等，如图 4-35 所示。

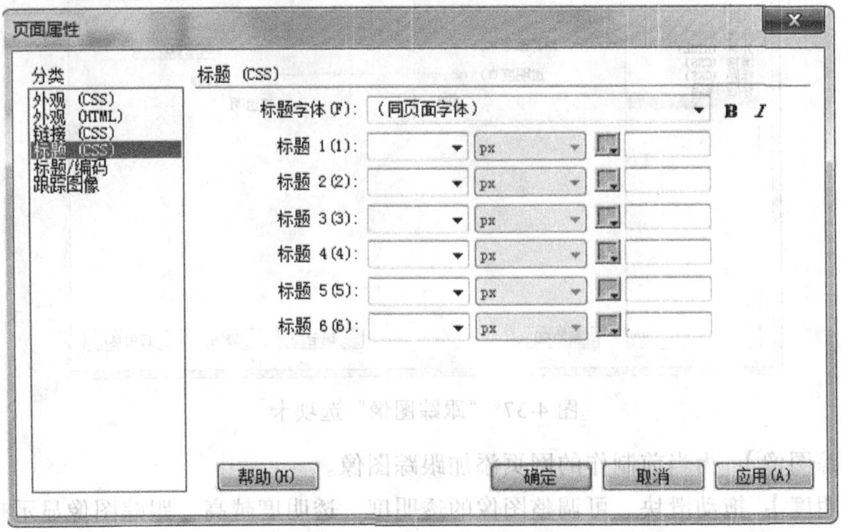

图 4-35　“标题（CSS）”选项卡

5. 标题/编码属性

在“标题/编码”选项卡中可以设置网页的标题、文字编码的属性，如图 4-36 所示。

【标题】：在文本框中输入网页的标题。

【文档类型】：设置文档的类型。

【编码】：设置网页中文本的编码。

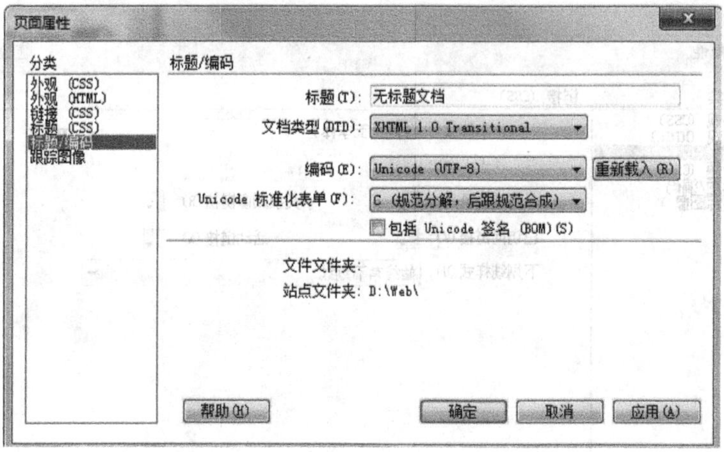

图 4-36 “标题/编码”选项卡

6. 跟踪图像属性

为了方便网页的布局设置，用户可以先将网页布局制作成一个图像，并设置为跟踪图像。“跟踪图像”属性选项卡主要用于设置跟踪图像的属性，跟踪图像的文件格式必须为 JPEG、GIF 或 PNG，如图 4-37 所示。

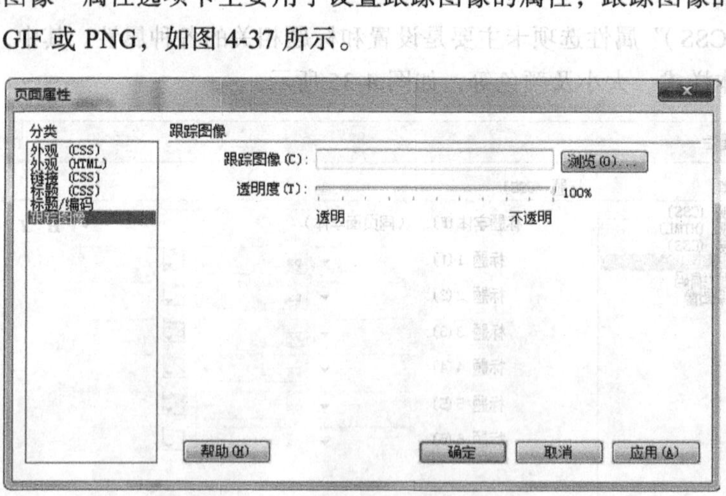

图 4-37 “跟踪图像”选项卡

【跟踪图像】：为当前制作的网页添加跟踪图像。

【透明度】：拖动滑块，可调整图像的透明度，透明度越高，跟踪图像显示越明显；透明度越低，跟踪图像显示越不明显。

4.4 综合案例

4.4.1 综合案例——创建一个计算机学院站点

1. 学习目标

本实例要先创建网页结构图（见图 4-38），并掌握新建站点的方法，能够在“文件”面板中创建文件和文件夹。

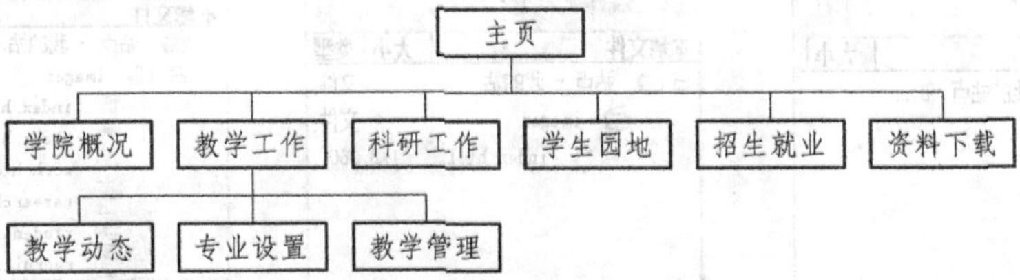

图 4-38　网页结构图

2. 重点难点

（1）新建站点；
（2）新建文件夹和文件；
（3）网站结构图的创建。

3. 操作步骤

（1）打开 Dreamweaver CS5，选择【站点】→【新建站点】命令，弹出“站点设置对象”对话框，在【站点名称】文本框中输入名称（如“我的站点”），在【本地站点文件夹】文本框中设置站点的存储路径，单击【保存】按钮，如图 4-39 所示。

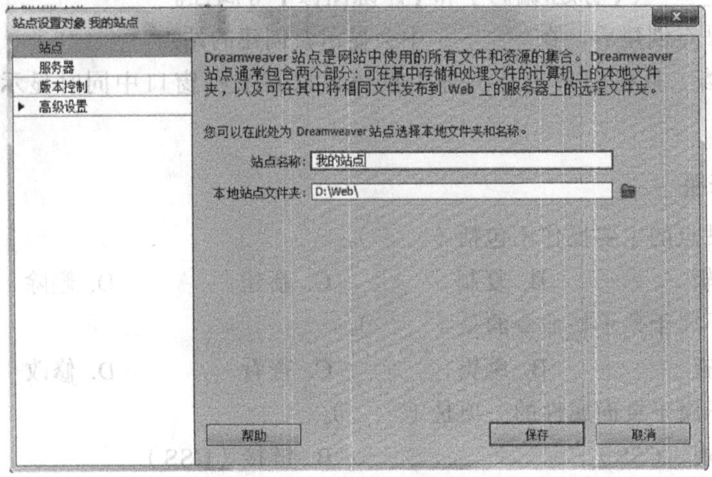

图 4-39　“站点设置对象”对话框

（2）选择【窗口】→【文件】命令，打开“文件”面板，右键单击站点文件夹，在弹出的快捷菜单中选择【新建文件夹】命令，为新建的文件夹重命名为 images，用于放置图片素材，如图 4-40 所示。

（3）打开“文件”面板，右击，在弹出的快捷菜单中选择【新建文件】命令，为文件重命名为 index，如图 4-41 所示。

（4）使用同样的方法，创建其他网页文件，如图 4-42 所示。

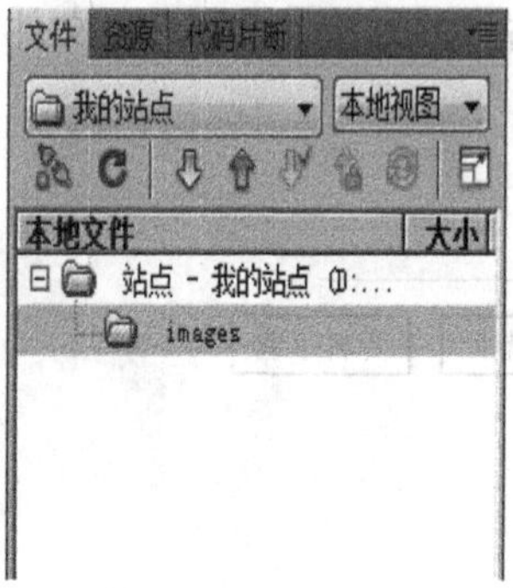

图 4-40　创建 images 文件夹

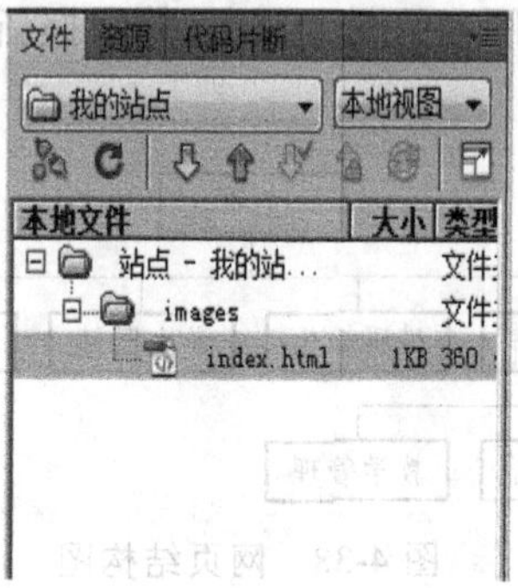

图 4-41　新建 index 文件

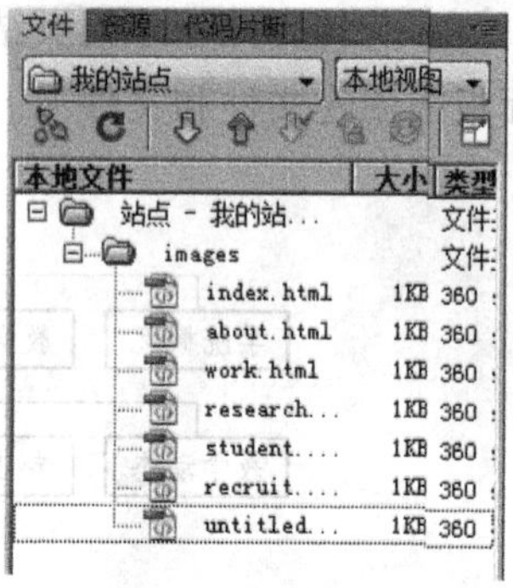

图 4-42　创建其他文件

4.5　习题与上机

一、填空题

1. Dreamweaver CS5 工作区的操作界面主要包括________、________、文档工具栏________、________、________和浮动面板组等。

2. 在“页面属性”对话框中，设有 6 中属性，包括________、________、【链接（CSS）】、________、【标题/编码】和【跟踪图像】等属性。

3. 完成站点创建后，在________中会显示新创建的站点。

4. 在文档工具栏中单击【拆分】按钮可以在文档窗口中同时显示________和________。

二、选择题

1. 管理站点的主要操作不包括（　　）。

A. 编辑　　B. 复制　　C. 新建　　D. 删除

2. 下列不属于菜单栏命令的是（　　）。

A. 检查　　B. 编辑　　C. 查看　　D. 修改

3. 下列不属于页面属性的一项是（　　）。

A. 外观（CSS）　　B. 链接（CSS）

C. 标题/编码　　D. CSS 样式

三、上机实验

【名称】Dreamweaver CS5 的使用。

【目的】学会使用 Dreamweaver CS5。

【内容】利用本章学习的知识，创建一个本地站点，如图 4-43 所示。

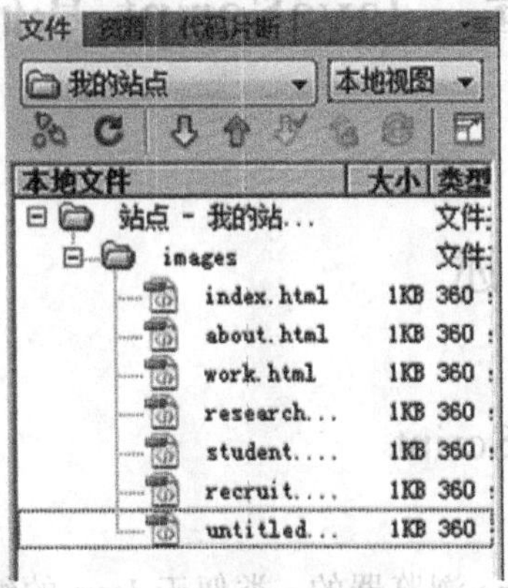

图 4-43　创建本地站点

第 5 章　JavaScript 基础知识

5.1　JavaScript 概述

5.1.1　什么是 JavaScript

JavaScript 是基于 Netscape 浏览器的、类似于 Java 的编程语言，并且是一种基于对象和事件驱动的脚本语言。使用它可以开发客户端和服务器的应用程序，也可以方便地嵌入到 HTML 文件中。

使用 JavaScript 可以引用客户主机资源，响应原本需要服务器完成的功能，而又不与主机服务器进行交互会话。

5.1.2　JavaScript 的特点

（1）JavaScrip 是一种脚本语言，采用小程序段的方式实现编程。它是一种解释性语言，采用逐行解释的方式执行。

（2）JavaScript 是基于对象的。用户可以创建对象，也可以使用系统提供的大量内建对象。用户可以将浏览器中的元素作为对象来处理。

（3）简单性：JavaScript 是简化的编程语言，它的变量为弱类型，可直接使用，而不必事先声明。

（4）安全性：JavaScript 不允许访问本地硬盘，也不能将数据存入服务器。不允许对其他网络文档进行修改与删除。只能通过浏览器实现信息的浏览和交互，从而防止数据丢失，提高安全性。

（5）动态性：采用事件驱动的方式可以对用户输入的信息进行响应，而不需经过服务器。

（6）跨平台性：大多数浏览器可直接运行。

5.1.3　JavaScript 与 Java 的区别

（1）JavaScript 是 Netscape 公司为扩展 Netscape Navigator 浏览器而开发的一种脚本语言，主要用于编写网页中的脚本。而 Java 是 Sun 公司推出的面向对象的程序设计语言，用于网络程序设计。

（2）JavaScript 是一种解释性语言，可由浏览器逐行解释执行，而 Java 代码必须经过编译。在客户端须有仿真器/解释器对它进行解释。

（3）JavaScrip 采用弱变量类型，即使用前无须声明，而是在解释时对其进行类型检查。而 Java 采用强变量类型，必须先声明后使用。

（4）JavaScrip 不能单独运行，只能嵌入 HTML 中才能发挥作用；而 Java 程序是一种与 HTML 无关的格式，其代码保存在独立的文档中。

（5）Scrip 无须特殊的编辑环境，一般的编辑器即可，而 Java 需要专门的开发工具。

一个简单的 JavaScript 示例：

```
<HTML>
<HEAD> <TITLE> This is a test </TITLE>
</HEAD> <BODY>
你好
<SCRIPT LANGUAGE="JavaScript">
        document.write ("Hello，JavaScript! ");
</SCRIPT>
</BODY>
</HTML>
```

5.1.4　JavaScript 编程要求

（1）声明一个脚本程序需用<SCRIPT>标记。

（2）LANGUAGE 属性声明该脚本是用什么语言编写的，默认情况下为 JavaScript。

（3）在<SCRIPT>和</SCRIPT>之间的任何内容都视为脚本语句，会被浏览器解释执行。

（4）在 JavaScript 脚本中，用“//”作为行的注释标注,同时，每一条语句的最后必须使用一个分号。示例：

```
<SCRIPT LANGUAGE="JavaScript">
    <!--
        JavaScript 语句串 …;
```

```
    -->
    </SCRIPT>
```

（5）JavaScript 源代码可以出现在文档头（Head 节）或文档体（Body 节）中的任何位置。

（6）为了使旧版本的浏览器（即 Navigator2.0 版以前的浏览器）避开不能识别的“JavaScript 语句串”，可使用 HTML 的注解标记 <!--……-->，将 JavaScript 源代码括起来。

（7）JavaScript 代码既可以直接嵌入 HTML 中，也可以以扩展名“js”单独存放，再利用以下格式的<SCRIPT>标记引入：

```
<script src="xxx.js">
```

5.2 JavaScript 数据类型

5.2.1 JavaScript 的基本数据类型

1. 数值型

例如：34，3.14 表示为十进制数；034 表示为八进制数；0x34 表示为十六进制数；2.0e6, 7.89 表示浮点数。

2. 字符型

字符型数据是用双引号或单引号括起来的多个或一个字符。例如：“Hello!”,’A’。

3. 逻辑型

逻辑型数据的取值只能是“真”或“假”，用 True 或 False 来表示。与 C 语言不一样，C 语言可以用 1 或 0 表示“真”或“假”，而 JavaScript 只能用 True 或 False 表示。

4. 空　值

当定义一个变量后未赋初值时，则该变量为空值。例如：

```
var ch1; //此时 ch1 就为空值，它不属于任何一种数据类型
```

5. 特殊字符

特殊字符是以反斜杠（\）开头的不可显示的字符，通常称为控制字符。常见的控制字符有：\t，\n，\r，\b。

5.2.2　JavaScript 中的变量

JavaScript 的变量的定义与 C 语言相似，可以使用字母、数字及下划线，但变量名必须以字母开头，同时变量不能是保留字（如 int，var 等）。

JavaScript 的变量定义方法与 C 语言有很大的差别：

C 语言的定义格式为：

```
int a=1;      float f1=3.14;
```

JavaScript 的定义格式为：

```
Var 变量名；或　Var 变量名=初始值；
```

JavaScript 不是在定义变量时来说明变量的数据类型，而是在给变量赋初始值时来确定该变量的数据类型。例如：

```
ch="student"; ch=1998; ch=3.14e3;
```

JavaScript 对字母的大小写是敏感。如 Var my；Var My；JavaScript 认为这是两个不同的变量。

在使用变量之前，对每个变量使用关键字 Var 进行变量声明，可防止变量的有效区域发生冲突。

5.2.3　JavaScript 中的常量

JavaScript 常量分为 4 类：整数、浮点数、布尔值和字符串。

1. 整型常量

在 JavaScript 中，整型常量可以表示为十进制数、八进制数和十六进制数。

十进制数：即十进制整数，它前面不能有前导 0。例如：75。

八进制数：以 0 为前导，表示八进制数。例如：075。

十六进制数：以 0x 为前导，表示十六进制数。例如：0x0F。

2. 浮点数常量

浮点数可以用一般的小数格式来表示，也可以使用科学计数法来表示。例如：7.54343，3.0e9

3. 布尔型常量

布尔型常量只有两个值：True 和 False。

4. 字符型常量

字符型常量是用单引号或双引号括起来的 0 个或多个字符组成。例如："Test String","12345"。

5.3 JavaScript 运算符和表达式

5.3.1 JavaScript 运算符

1. 算术运算符（见表 5-1）

表 5-1 算术运算符

运算符	运算符定义	举 例	说 明
+	加法符号	X = A + B	
−	减法符合	X = A − B	
*	乘法符合	X = A*B	
/	除法符号	X = A + B	
%	取模符号	X = A%B	X 等于 A 除以 B 所得的余数
+ +	加 1	A+ +	A 的内容加 1
− −	减 1	A− −	A 的内容减 1

其中"+"也作为字符串连接运算符，将两个字符串连接起来。当有一个操作数不是字符串时，将先转换再进行合并。

"+" 作为字符串连接运算符举例如下：

```
<HTML>
<HEAD><TITLE>This is a test</TITLE></HEAD>
<BODY>
你好
<SCRIPT LANGUAGE="JavaScript">
Str="the telephone number:"+8737177+ "is wrong !";
document.write (str);
</SCRIPT>
</BODY>
</HTML>
```

2. 位运算符

通过位运算符，可以对两个操作数上相同位置的位逐位进行运算。例如：

```
document.write (4<<2);
```

3. 复合赋值运算符（见表 5-2）

表 5-2　复合运算符

运算符	运算符定义	举　例	说　明
+=	加	X+=A	X=X+A
-=	减	X-=A	X=X-A
*=	乘	X*=A	X=X*A
/=	除	X/=A	X=X/A
%=	模运算	X%=A	X=X%A
<<=	左移	X<<=A	X=X<<A
>>=	右移	X>>=A	X=X>>A
>>>=	无符号右移	X>>>=A	X=X>>>A
&=	位“与”	X&=A	X=X&A
^=	位“异或”	X^=A	X=X^A
|=	位“或”	X|=A	X=X|A

4. 比较运算符（见表 5-3）

表 5-3　复合运算符

运算符	运算符定义	举　例	说　明
==	等于	A==B	A 等于 B 时为真
>	大于	A>B	A 大于 B 时为真
<	小于	A<B	A 小于 B 时为真
!=	不等于	A!=B	A 不等于 B 时为真
>=	大于等于	A>=B	A 大于等于 B 时为真
<=	小于等于	A<=B	A 小于等于 B 时为真
?:	条件选择 E?A:B	E 为真时选 A，否则选 B	

5. 逻辑运算符（见表 5-4）

表 5-4　逻辑运算符

运算符	运算符定义	举　例	说　明
&&	逻辑“与”	A&&B	A 与 B 同时为 True 时，结果为 True
!	逻辑“非”	!A	如 A 原值为 True，结果为 False
||	逻辑“或”	A||B	A 与 B 有一个取值为 True 时，结果为 True

6. 运算符的优先级（见表 5-5）

表 5-5　运算符的优先级

运算符	说　明
.　[]　()	字段访问、数组下标以及函数调用
++　--　~　!	一元运算符
*　/　%	乘法、除法、取模
+　-　+	加法、减法、字符串连接
<<　>>　>>>	移位
<<=　>>=	小于、小于等于、大于、大于等于
==　==	等于、不等于、恒等、不恒等
&	按位与
^	按位异或
|	按位或
&&	逻辑与
||	逻辑或
?:	条件
=	赋值

5.3.2　JavaScript 表达式

1. 算术表达式

算术表达式用来计算一个数值，如例：2*4.5/3。

2. 字符串表达式

字符串表达式可以连接两个字符串。例如："hello" + "world!"，该表达式的计算结果为"helloworld!"。

3. 逻辑表达式

逻辑表达式计算结果为一个布尔型常量（True 或 False）。例如：12>24，其返回值为 False。

5.4 JavaScript 函数

5.4.1 JavaScript 函数的功能与作用

使用函数能为程序设计提供方便。通常在进行一个复杂的程序设计时，总是根据所要完成的功能，将程序划分为一些相对独立的部分，每部分编写一个函数，从而，使各部分充分独立，任务单一，程序清晰，易懂、易读、易维护。

和其他高级语言一样，JavaScript 函数也是将程序中多次要用到的部分封装成函数，以供调用。

JavaScript 函数还可作为事件处理程序对用户激发的事件进行响应，从而实现将一个函数与事件驱动相关联。

5.4.2 JavaScript 函数格式与应用举例

1. function 函数名（参数列表）

```
{  程序代码
   return 表达式;
}
```

对函数进行调用的方式如下：

（1）函数名 {传递给函数的参数 1，}。

（2）变量=函数名[传递给函数的参数 1，]。

（3）对于有返回值的函数调用，也可以在程序中直接使用返回的结果。例如：

```
alter("sum="+square(2,3));
```

举例：

```
<HTML>
<HEAD>
<TITLE>一个 JavaScript 程序测试
</TITLE>
<SCRIPT LANGUAGE=javascript>
    function total (i,j) {
        var sum;
        sum=i+j;
        return(sum);            }
    document.write("调用这个函数 total(100,20) ,结果为:", total(100,20) )
```

```
</SCRIPT>
</HEAD>
<BODY></BODY></HTML>
```

2. JavaScript 函数

```
function   函数名（参数 1,参数 2,---）
{
函数体;
return 表达式;
}
```

说明：

（1）函数由关键字 function 定义。

（2）参数表是传递给函数使用或操作的值，其值可以是常量、变量或其他表达式。

（3）必须使用 return 将值返回。

（4）函数名对大小写是敏感的。

（5）JavaScript 中函数的定义和调用可在任意位置，但为使函数的定义先于函数调用载入浏览器，建议在 HTML 文件头定义函数，以避免引起函数未定义错误。

（6）JavaScript 中函数调用的实参可为一个、多个或没有，不要求实参个数与形参个数一致，可通过系统变量 arguments .Length 来检查实参的个数。

举例：

```
function total (i,j)
{
document.write(total.arguments.length+"<p>");
var sum;
sum=i+j;
return(sum);
}
JavaScript 函数
<HTML>
<HEAD>
<TITLE>一个 JavaScript 程序测试
</TITLE>
<SCRIPT LANGUAGE=javascript>
    function total (i,j) {
        var sum;
        sum=i+j;
```

```
        return(sum);                    }
    document.write("调用这个函数 total(100,20) ,结果为:", total(100,20) );
JavaScript 函数
document.write("<br>调用这个函数 total() ,结果为:", total() );
document.write("<br>调用这个函数 total(20) ,结果为:", total(20) )
</SCRIPT>
</HEAD>
<BODY bgcolor="blue" text="white"></BODY></HTML><BODY></BODY></HTML>
```

结果：

调用函数 total(100,20)，结果为：120。

调用函数 total()，结果为：NaN。

调用函数 total(20)，结果为：NaN。

函数：IsNaN（变量）。

这个函数用来对用户输入的数据类型进行判断。如果变量的值不是数值类型，则返回“True”，否则返回“False”。

举例：

```
<SCRIPT LANGUAGE=javascript>
var str;
str = prompt ("请你输入一个值,如 3.14" , "");
if ( isNaN ( str ) ){
    document.write( “不对,请输入数值类型数据!!!");}
else
    {document.write( “您已输入正确!!!");}
</SCRIPT>
```

5.5 Javascript 中的变量与流程控制语句

5.5.1 全局变量与局部变量

与 C 语言类似，Javascript 中的变量也有全局变量与局部变量之分。

局部变量：在函数内用 var 声明的变量，其作用域为该函数。

全局变量：（1）在函数外用 var 声明的变量；（2）在函数内未用 var 声明的变量，其作用域为整个 HTML 文件。

全局变量及局部变量举例：

```
<script language="javascript">
    var msg="全局变量";
    function show()
    {
     msg="局部变量";
    }
    show();
    alert(msg);
</script>
```

alert(msg)处 msg 的值为“局部变量”。

局部变量会覆盖同名的全局变量。

5.5.2 JavaScript 的流程控制语句

JavaScript 提供了同 C 语言相同的程序流程控制语句。这些语句分别是 if、switch、for、do 和 while 语句。

1. 条件语句

1）If 语句

If 语句是一个条件判断语句，它根据一定的条件执行相应的语句块，其定义格式如下：

```
If (expr)
    { code_block1       }
else
    {code_block2}
```

注：expr 是一个布尔型的值或表达式（特别强调：expr 一定要用小括号将其括起来）。

if 语句是可以嵌套的，即在 if 语句的模块中，还可以包含其他的 if 语句。例如：

```
If (expr)
    {
        code_block1
        if   (expr1) { code_block3 }
    }
else
```

```
    {
        code_block2
    }
```

2）switch 语句

switch 语句测试一个表达式并有条件地执行一段语句，其语法格式如下：

```
switch (表达式) {case 值 1:code_block1
            break;
        case 值 2:code_block2
            break;
        case 值 3:code_block3
            break;
            …
        default:   code_blockn }
```

2. 循环语句

1）for 语句

for 语句用来产生一段程序循环，其语法格式如下：

```
    for ( init;   test;   incre)
        {code_block}
```

For 语句举例：

```
<html><body>
<script language=javascript>
var i,factor;
factor=1;
for (i=1;i<=10;i++)
factor * = i;
    document.write("10 的阶乘是:",factor);
</script>
</body></html>
```

2）do…while 语句

do…while 语句不管条件是否成立，其循环体至少执行一次，其语法格式如下：

```
    do{
code_block
    } while (expr);
```

3）while 语句

while 语句也是产生一段程序循环，其语法格式如下：

```
while (expr) {
        code_block;}
```

举例：

```
While (I<100)
{ s=s+I; I++;}
```

5.6 JavaScript 的事件驱动及事件处理

5.6.1 相关定义

JavaScript 是基于对象（object-based）的语言。基于对象的基本特征，就是“事件驱动（event-driven）”。

事件驱动使得在图形界面的环境下，用户的输入操作简单化。

事件（Event）：指鼠标或热键的动作。

事件驱动（Event Driver）：由鼠标或热键引发的一连串的程序动作。

事件处理程序（Event Handler）：对事件进行处理的程序或函数，称之为事件处理程序。

5.6.2 鼠标或热键的常用事件

通过鼠标或热键的动作引发的常用事件有以下几个：

1. **单击事件 onClick**

单击鼠标按钮时，产生 onClick 事件。同时 onClick 指定的事件处理程序或代码将被调用执行。

onClick 事件通常在下列基本对象中产生：

（1）button（按钮对象）。

（2）checkbox（复选框）或（检查列表框）。

（3）radio（单选钮）。

（4）resetbuttons（重置按钮）。

（5）submitbuttons（提交按钮）。

单击事件 onClick 举例，可通过下列按钮激活 change()文件：

```
<Form>
<Input type= "button" Value= "" onClick= "change()" >
</Form>
```

在 onClick 等号后，可以使用自己编写的函数作为事件处理程序，也可以使用 JavaScript 中内部的函数，还可以直接使用 JavaScript 的代码等。

举例：

```
<Input type="button" value="click" onClick="alert('这是一个例子')">
```

举例：

```
function change()
{   document.bd1.button1.value="HELLOW!"; }-----
--<Form name="bd1"><br><br>
<p align="center" >
<Input  name="button1" type="button" Value="students!" onClick="change()">
</Form>
```

2. **改变事件 onChange**

当 text 或 textarea 等元素的输入字符改变时激发该事件，同时当在 select 表格项中一个选项状态改变后也会引发该事件。

举例：

```
<Form>
<Input type="text"name="Test"value="Test"onChange="check()">
</Form>---
function check()
{   document.write(" you have changed it!"); }
```

3. **选中事件 onSelect**

当 Text 或 Textarea 等对象中的文字被拖黑（选中）后，引发该事件。

4. **获得焦点事件 onFocus**

当用户单击 Text 或 textarea 及 select 对象时，产生该事件。此时该对象成为前台对象。

5. **失去焦点事件 onBlur**

当 text 对象或 textarea 对象及 select 对象不再拥有焦点、而退到后台时，引发该事件。它与 onFocas 事件是一个对应的关系。

举例：

```
<html>
<head>
<Script Language ="JavaScript">
function check()
{   document.write(" you have clicked the test1!"); }
function check1()
{   document.write(" you have clicked the test2!"); }
</Script>
</Head>
<body><p><p>
<Form>
<p align=center><br><Input type="text" name="Test" value="Test1" onFocus="check()">
<p align=center><br><Input type="text" name="Test1" value="Test2" onFocus="check1()">
</Form></body></html>
```

6. **载入文件** onLoad

当文档载入时，产生该事件。

7. **卸载文件** onUnload

当 Web 页面退出时引发 onUnload 事件。

举例：

```
<HTML>
<HEAD>
<scriptLanguage="JavaScript">
function loadform(){
alert( "欢迎光临!");}
function unloadform(){
alert( "谢谢浏览,再见!");
}
</script>
</HEAD>
<BODY OnLoad="loadform()"OnUnload="unloadform()">
<a href="onclick.htm">调用</a>
</BODY>
</HTML>
```

举例：

```
<%@ page language="java" contentType="text/html; charset=ISO-8859-1"
pageEncoding="GBK"%>
<!DOCTYPE html PUBLIC "-//W3C//DTD HTML 4.01 Transitional//EN" "http://
www.w3.org/TR/html4/loose.dtd">
<html>
<head>
<meta http-equiv="Content-Type" content="text/html; charset=ISO-8859-1">
<title>Insert title here</title>
</head>
<script Language="JavaScript">
function out(){
document.f1.img1.src="100_0058.JPG";}
function over(){
document.f1.img1.src="100_0136.JPG";
}
</script>
<body>
<form name="f1">
<img name="img1" src="dy.JPG" onMouseout="out()" onMouseover="over()">
</form>
</body>
</html>
)
```

5.7 Javascript 对象

5.7.1 概　述

1. 对　象

对象是具有相同特性的实体的抽象描述。

JavaScript 是基于对象的脚本语言（Object-Based），而不是面向对象的（object-oriented）。因为它没有提供抽象、继承、重载等有关面向对象语言的许多功能。

JavaScript 把其他语言创建的复杂对象统一起来，形成了一个强大的对象系统。

2. Javascript 对象

JavaScript 的对象由内建对象（包括浏览器对象）和用户自定义对象两部分组成。浏览器对象包含了浏览器中的各页面元素；用户自定义对象是用户根据需求自己创建的对象，它扩展了 JavaScript 的应用范围，从而可开发出复杂的 Web 程序。

JavaScript 中的对象由属性（properties）和方法（m ethods）两个基本的元素构成。属性成员是对象的数据，它描述对象的状态；方法成员是对数据的操作。

引用 JavaScript 对象的途径：① 引用 JavaScript 内建对象；② 引用浏览器对象；③ 创建自定义对象。

5.7.2 创建自定义对象

由于对象由属性和方法两个基本元素组成，在定义对象时，须对对象的属性成员和方法成员分别定义。

首先，定义对象的各方法成员，每一个方法成员即为一个函数。

其次，定义对象的构造函数。构造函数中包括各属性成员的定义和初始化，以及方法成员的初始化。

5.7.3 对象的引用

对象是具有相同特性的实体的抽象描述，对象实例是具有对象特性的单个的实体。在引用对象前,要先创建对象的实例，通过实例来引用对象的属性成员和方法成员。

1. **创建对象实例的方法**

```
var  对象实例名 =new  对象名(实参表)
```

举例：

```
var  book1=new  book();
```

2. **对象属性成员的引用**

```
对象实例名. 对象属性名
```

举例：

```
publisher= book1.publisher
```

3. **对象方法成员的引用**

```
对象实例名. 对象方法名
```

举例：

```
book1.print();
```

4. **对象属性引用的 3 种方法**

1）使用点（.）运算符

```
book1.Name="计算机网络"
book1.publisher="清华大学出版社"
book1.Date="1999"
```

2）通过对象的下标实现引用

```
book1[0]="云南"
book1[1]="昆明市"
book1[2]="1999"
```

通过数组形式访问属性，可以使用循环操作获取其值。

```
Function    showbook1(object)
for( var j=0 ; j<2 ; j++)
document.write( object [ j ] )
```

3）通过字符串的形式实现

```
book1["Name"]="云南"
book1["City"]="昆明市"
book1["Date"]="1999"
```

5.7.4　对象属性引用语句

1. **For…in　语句**

格式：

```
For（变量名 in  对象实例名）
```

功能：用于对已知对象的所有属性进行循环操作。

方法：是将一个已知对象的所有属性反复置给一个变量。

该语句的优点就是无须知道对象中属性的个数即可进行操作。

2. **with 语句**

使用该语句时，任何对变量的引用被认为是这个对象的属性，以节省一些代码。

格式：

```
with (对象实例名) {
        ...}
```

所有在 with 语句大括号中的属性引用，都被认为是 with 后指定的对象实例的属性。

举例：

```
with (Math) {
document.write("<br>"+cos(35));
document.write("<br>"+cos(90));     }
```

JavaScript 提供了一些非常有用的常用内建对象。用户可以直接使用，而不需要用编写脚本来实现这些功能。

JavaScript 提供的常用对象有 Array（数组对象）、string（字符串）、math（数值计算）、Date（日期）。

5.7.5 JavaScript 数组对象

JavaScript 中没有明显的数组类型，在 JavaScript 中数组是通过对象来实现的。实现数组有两种方法：使用 array 内建对象、创建自定义数组对象。

1. **使用 array 内建对象**

方法：

```
var 数组名= new Array([数组长度])
```

举例：

```
var   cj= new Array (5)     var   sz= new ( );
```

其中，数组元素的引用方法如下：

```
数组名[下标]
```

举例：

```
cj[3]=67, cj[2]=98
```

注意：

（1）数组长度在创建时可不给出，而由引用时再确定。

（2）数组元素的数据类型可不相同。

（3）数组元素若为数组对象，则可创建二维数组。

（4）数组长度可动态变化。

举例：

```
<script Language="JavaScript">
var cj=new Array();
```

```
cj[0]="huaxue";
cj[1]="yuwen";
cj[2]="shuxue";
cj[3]="waiyu";
cj[4]="lishi";
document.write("<br>     "+cj.length);
for (x=0; x<=cj.length-1; x++)
{ document.write("<br>     "+cj[x]);}
</script>
```

2. 创建自定义数组对象

可通过 function 定义一个数组对象的构造函数，使用 New 对象操作符创建一个数组实例。从而该数组可实现任何数据类型的存储。

定义数组对象：

```
Function    arrayName(size){
This.length=Size ; //定义数组长度
for(var X=1;X <= size; X++ )
this[X]=0;
Return this;
}
```

3. 创建数组实例

一个数组定义完成以后，还不能马上使用，必须为该数组创建一个数组实例：

```
Myarray=New    arrayName(n);
```

myarray.htm 示例：

```
function myarray(size)
{    this.length=size;
for( x=1; x<=size; x++)
this[x]=0;
return this;    }
arr1= new myarray(5);
for(x=1;x<=arr1.length; x++)
document.write("     "+arr1[x]);;
```

二维数组，array_2w.htm 示例：

```
<script Language="JavaScript">
var arr2=new Array(5);
```

```
document.write("<br> ");
document.write("<br>      "+arr2.length);
document.write("<br> ");
for(x=0;x<=arr2.length-1;x++)
{ arr2[x]=new Array(5);
document.write("<br> ");
for(y=0;y<=arr2[x].length-1;y++)
{    arr2[x][y]=y;
document.write(" "+arr2[x][y]);}
} </script>

<html>
<head><title>数组对象</title>
<script language="JavaScript">
function updateInfo(WhichBook)
{//对象 book 的方法成员，修改对象属性值
document.BookForm.currbook.value=WhichBook;
document.BookForm.BookTitle.value=this.Title;
document.BookForm.BookPublisher.value=this.Publisher;
document.BookForm.BookAmount.value=this.Amount;
}
function Book(title,publisher,amount)
{//对象 book 的构造函数
this.Title=title;
this.Publisher=publisher;
this.Amount=amount;
this.UpdateInfo=updateInfo;
}
</script></head>
<body>
<script language="JavaScript">

"><br><br>
出版社：<input type="text" name="BookPublisher" value="××××出版社"><br><br>
```

```
印数：<input type="text" name="BookAmount" value="10000">
</form></body></html>
```

5.7.6　String 对象

String 对象封装了一个字符串，它提供了许多字符串的操作方法。String 对象的唯一属性是 length。

主要方法：

锚点 anchor()：该方法用于创建 anchor 标记。使用 anchor 方法与用 HTML 中（A Name="“”）一样。它通过下列格式创建：

```
string.anchor(anchorName)
```

举例：

```
cha="hellow"
md=cha.anchor("ks1");
document.write("<br>　"+md);
```

见例：js_anchor.htm。

5.7.7　字符显示控制

（1）Big()大字体显示；

（2）Italics()斜体字显示；

（3）bold()粗体字显示；

（4）blink()字符闪烁显示；

（5）small()字符用小体字显示；

（6）fixed()固定高亮字显示；

（7）fontsize(size)控制字体大小；

（8）Fontcolor(“---”)控制字体颜色；

（9）toLowerCase()：小写转换；

（10）toUpperCase()大写转换。

示例：

```
<script Language="JavaScript">
var str1="GOOD MORNING!";
document.write(str1.blink()+"<br>");
document.write(str1.bold()+"<br>");
```

```
document.write(str1.fixed()+"<br>");
document.write(str1.fontcolor("blue")+"<br>");
document.write(str1.toLowerCase()+"<br>");
</script>
```

5.7.8 String 对象方法

字符搜索：

1．indexOf（子串，开始位置）

功能：从指定位置开始搜索子串第一次出现的位置。

2．lastindexOf（子串）

功能：从右向左开始搜索子串第一次出现的位置。

3．substring（start,end）

功能：返回从 start 到 end 的全部字符。

示例：

```
var str1="GOOD MORNING!";
document.write(wz=str1.indexOf("NING",2)+"<br>");
document.write(str1.lastIndexOf("MOR")+"<br>");
document.write(str1.substring(6,12)+"<br>");
```

5.7.9 Math 对象

Math 对象有很多的方法和属性，如 sin()，cos()，abs()，PI，max()，min()……在进行数学运算时非常有用。

1．math 的 8 个属性

（1）E：常数 e；

（2）LN10：10 的自然对数；

（3）LN2：2 的自然对数；

（4）LN2E：以 2 为底 e 的对数；

（5）LN10E：以 10 为底 e 的对数；

（6）PI：3.14159；

（7）SQRT1_2：1/2 的平方根；
（8）SQRT2：2 的平方根。
示例：

```
document.write(Math.LN10+"<br>");
document.write(Math.LN2+"<br>");
document.write(Math.LN10E+"<br>");
document.write(Math.PI+"<br>");
document.write(Math.SQRT2+"<br>");
```

2. Math 的主要方法

（1）绝对值：abs()；
（2）正弦余弦值：sin(),cos()；
（3）反正弦反余弦:asin(),acos()；
（4）正切反正切：tan(),atan()；
（5）四舍五入：round()；
（6）平方根：sqrt()；
（7）基于几方次的值：Pow(base,exponent)。
示例：

```
document.write(Math.sin(Math.PI/3)+"<br>");
```

5.7.10　Number 对象

通过 Number 对象可获取系统提供的最大值、最小值、正/负无穷大及非合法数字值。

```
MAX_VALUE：1.797693134e+308；
MIN_VALUE：5e-324；
NaN：非合法数字值；
POSITIVE_INFINITY：正无穷大；
NEGATIVE_INFINITY：负无穷大。
```

示例：

```
document.write(Number. MAX_VALUE);
```

5.7.11　Boolean 对象

Boolean 对象可将非布尔量转换为布尔量。

方法：

```
var boolval=new Boolean(参数)
```

当参数为 0、空值、null、false、空字符串时，布尔变量的值为 false；当参数为其他值时，变量值为 true。

示例：

```
var bla=new Boolean(1221);
var blb=new Boolean(“”);
```

5.7.12 Function 对象

Function 对象提供了另一种定义和使用函数的方法。

方法：

```
var funcname=new Function([arg1],[arg2],…,funcString);
```

示例：

```
var setcolor=new Function("document.bgColor='blue',document.fgColor='white'");
setcolor();
```

示例：

```
function_object.htm
```

5.7.13 Date 对象

Date 对象提供有关日期和时间及其相关操作。Date 属于动态内建对象，必须使用 New 运算符来创建实例。

示例：

```
MyDate=New Date()
```

Date 对象没有属性，只有获取和设置日期和时间的方法。日期起始值为 1970 年 1 月 1 日 00:00:00。

1. 创建 Date 对象实例

```
var 对象名=new Date ([parameters]);
```

注意：无参数时，创建具有当前日期和时间的实例。有参数时，创建指定日期和时间的实例。

示例：

```
Var Nationday=new Date( “October 1,09 1:23:25” );
Var Cristmasday=new Date( “2010,12,25,0,0,0” );
```

2. Date 对象的 get 方法

get 方法用于获取日期和时间。

（1）getYear()：返回 Date 对象实例的年数；

（2）getMonth()：返回 Date 对象实例的月号数 0 ~ 11；

（3）getDate()：返回 Date 对象实例的当日号数 1 ~ 31；

（4）getDay()：返回 Date 对象实例的星期几 0(Sunday) ~ 6；

（5）getHours()：返回 Date 对象实例的小时数 0 ~ 23；

（6）getMinutes()：返回 Date 对象实例的分钟数 0 ~ 59；

（7）getSeconds()：返回 Date 对象实例的秒数 0 ~ 59；

（8）getTime()：返回 Date 对象实例的毫秒数，指的是从 1970 年 1 月 1 日 0 时 0 分 0 秒至实例所存储的时间所经历的毫秒数。

举例：

```
<script language="javascript">
var minutes = 1000*60
var hours = minutes*60
var days = hours*24
var years = days*365
var d = new Date()
var t = d.getTime()
var y = t/years
document.write("It's been: " + y + " years since 1970/01/01!")
</script>
```

3. Set 方法

Set 方法用于设置日期和时间。

（1）setYear()：设置年；

（2）setDate()：设置当月号数；

（3）setMonth()：设置当月份数；

（4）setHours()：设置小时数；

（5）setMinites()：设置分钟数；

（6）setSeconds()：设置秒数；

（7）setTime ()：设置毫秒数。

[练一练]：算出 1970 年 1 月 1 号向后的 77771564221 毫秒为什么时候。

4. To 方法

To 方法用于从 Date 实例中获取日期和时间的字符串值。

（1）toLocalString()：将日期时间值转化为本地时间值串。

（2）toString()：将日期时间值转化为字符串。

（3）toGMTString()：将日期时间值转化为 GMT 值串。

5. Parse 方法

该方法用于将字符串表示的日期转换为一个整数值（从起始时间计的毫秒值）。

6. UTC 方法

该方法用于将“年，月，日，时，分，秒”形式表示的数值日期转换为一个整数值（从起始时间计的毫秒值）。

示例：date_to.htm。

```
document.write("<br><br>----------      :    "+n_day.toGMTString());
document.write("<br><br>----------      :    "+Date.parse("23 Oct,2004 12:13:23"));
document.write("<br><br>----------      :    "+Date.UTC(2004,10,23,12,13,23));

<html>
<head><title>数字钟</title>
<style>
form { font-size:22px; }
input { font-size:24px;
color:blue;
width:180;height:40;}
</style>
<script language="JavaScript">
function aClock(){
var now=new Date();
var hour=now.getHours();
var min=now.getMinutes();
var sec=now.getSeconds();
var timeStr=" "+hour;
   timeStr+=((min<10)?":0":":")+min;
   timeStr+=((sec<10)?":0":":")+sec;
   timeStr+=(hour>=12)?" P.M.":" A.M.";
   document.clock_form.clock_text.value=timeStr;
```

```
clockId=setTimeout("aClock()",1000);
```

示例：djs.htm　clock_tl.htm　day_change.htm。

5.7.14　系统函数

JavaScript 中的预定义函数又称系统函数或内部方法。它们与任何对象无关，使用这些函数无须创建实例，可直接使用。

1. 返回字符串表达式中的值

方法：

```
eval（字串表达式）
```

示例：

```
test=eval("8+9+5/2");
```

2. 返回实数

方法：

```
parseFloat(floustring);
```

示例：

```
parseFloat(1.25e-3);
```

3. 将数据字符串转化为带符号整数

方法：

```
parseInt(numbestring,radix)
```

其中 radix 是数据字符串的进制，numbestring 是字符串数。

示例：parse.htm。

5.7.15　JavaScript 浏览器对象

在 JavaScript 中，浏览器的属性及相关操作封装在一系列的内部对象中，这些对象是按层次组织的、形成了树状结构的 Navigator 对象树。

通过浏览器的内部对象系统，可实现与 HTML 文档进行交互（动态地调用方法，设置属性），增强程序的动态性。

浏览器内部对象的作用是：将页面元素包装起来，提供给程序设计人员使用，从而减轻编程人的劳动，提高设计 Web 页面的能力。

1. Navigator 对象树简介

Window 对象（Windows）：处于对象层次的最顶端，提供了处理浏览器窗口的方法和属性。

浏览器对象（Navigator）：提供有关浏览器的信息。

Location 对象：提供了当前打开的 URL 相关的信息。

History 对象：提供了与历史清单有关的信息。

2. Navigator 对象

Navigator 对象封装了浏览器名称、版本等信息，见表 4-9。

示例：navigator.HTM。

```
document.write("<br>name:-----"+navigator.appName); // 浏览器名称
document.write("<br>version:"+navigator.appVersion); // 浏览器版本信息
document.write("<br>agent:-----"+navigator.userAgent); // 完整的浏览器信息
```

3. Windows 对象

Windows 对象包括浏览器中的每一个窗口、每一个框架，它描述浏览器的窗口特征，是 Document,Location,History 等对象的父对象。

1）Windows 对象的属性

（1）Parent：指明当前窗口或帧的父窗口。

（2）Top：指所有下级窗口的父窗口。

（3）Self：指当前窗口。

（4）Windows：代表当前窗口。

注意：以上 4 个属性实质是 Windows 对象的实例，因而引用时无须加对象名。

（5）Opener：指用 open( )方法打开的新窗口的名称。

（6）frames：是一个数组，成员为窗口内的各帧，frames 属性是通过 HTML 标识<Frames>的顺序来引用的，它包含了一个窗口中的全部帧数。

（7）DefaultStatus：返回或者设置在浏览状态栏中显示的缺省内容。

（8）Status：返回或者设置将在浏览器状态栏中显示的内容。

示例：在浏览器状态栏中显示当天的日期。

```
n_day=new Date();
window.status=n_day.toString();
```

2）windows 对象的方法

（1）Alert 方法：弹出一个警告框，警告框显示一条信息，并且有一个“确定”按钮。

用法：

```
window.alert(“字符串”)
```

（2）Confirm 方法：弹出一个对话框，显示一条信息，并且显示“确定”和“取消”两个按钮。它返回一个逻辑布尔量的值（单击“确定”，返回 ture；单击“取消”，返回 false）。

用法：

```
window.confirm(“字符串”)。
```

举例：

```
<script language="javascript">
function check(){
if(document.f1.t1.value=="")
alert("账号不能为空!");
else
if(document.f1.t2.value=="")
alert("密码不能为空!");
else
if(confirm("你确信要提交吗？"))
  document.f1.b1.value="你提交了！";
else
  document.f1.b1.value="你放弃了！";
}
</script>
```

（3）Prompt 方法：弹出一个信息框，显示一条信息，并且有一个文本输入框、一个“确定”按钮和一个“取消”按钮。点击“确定”按钮，文本框中输入的内容被返回，可被脚本程序使用；点击“取消”按钮，将不执行任何操作。

Prompt 方法的两个参数：“字符串 1”是要在对话框中显示的信息；“字符串 2”是文本输入框内默认显示的内容。

方法：

```
window.prompt(“字符串 1”, “字符串 2”)
```

举例：

```
Str=window.prompt(“输入姓名!”,“”)。
```

举例：

```
<SCRIPT LANGUAGE=javascript>
var str;
str = prompt ("请您输入一个值,如 3.14" , "");
if ( isNaN ( str ) ){
    document.write(“不对,请输入数值类型数据!!!");}
else
```

```
    {document.write("您已输入正确!!!");}
</SCRIPT>
```

（4）Open()方法：建立一个新的窗口，它有若干参数，返回新窗口指针。

方法：

```
window.open("载入的页面","窗口名","窗口属性")
```

举例：

```
window.open("h2.htm","kkk","toolbar=no location=no")。
```

（5）Close()方法：用来关闭一个窗口。

例如：

```
window.close ()。
```

见例：window_close.htm。

举例：

```
<script language="javascript">
function check(){
if(document.f1.t1.value=="")
alert("账号不能为空!");
else
if(document.f1.t2.value=="")
alert("密码不能为空!");
else
if(confirm("你确信要提交吗？"))
{ nw=open("","newwindow","width=300,height=300,toolbar=1,status=1");
nw.document.write(document.f1.t1.value);}
else
{ nw=open("","newwindow","width=300,height=300,toolbar=1,status=1");
 nw.document.write("你放弃了！");}
 }
</script>
```

（6）SetTimeout()方法：用来设置一个计时器，该计时器以毫秒为单位，当所设置的时间到时，会自动调用一个函数。

```
<SCRIPT LANGUAGE = JavaScript>
var flag;
interval=1000;
function change()   {
var today = new Date();
    text1.value = today.getHours() + ":" + today.getMinutes() + ":" + today.getSeconds();
```

```
imerID=window.setTimeout("change()",interval);    }
</SCRIPT>
```

（7）clearTimeout(timeId)方法：清除指定的超时设置。

举例：

```
function cle(    )
{clearTimeout(imerID);}
```

见例：status.htm。

举例：

```
<HTML>
<HEAD><TITLE>This is a test</TITLE>
<SCRIPT LANGUAGE="JavaScript">
function change()    {
var today = new Date();
//window.defaultStatus=today.getHours() + ":" + today.getMinutes() + ":" + today.getSeconds();
document.f1.t1.value=today.getHours() + ":" + today.getMinutes() + ":" + today.getSeconds();
imerID=window.setTimeout("change()",1000);    }
</SCRIPT>
</HEAD>
<BODY onload="change()">
你好
<form name="f1">
<input type=button value="stop" onClick="clearTimeout(imerID)"><p>
<input type=button value="start" onClick="change()">
<p align=center><input type=text   name="t1" value=>
</form>
</BODY>
</HTML>
```

4. Document 对象

Document 对象是 window 对象的子对象，它指显示在窗口或框架中的一个 HTML 文档。document 对象包含 anchor，form,image 等子对象，它将这些子对象封装起来，并提供访问这些子对象的方法和属性，利用这些方法和属性可使页面具有较强的交互件。

1）Document 对象的数值属性

Document 对象的数值属性包括:

Bgcolor：文档背景色；

Fgcolor：文档前景色；

url：文档的完整 URL.；

Title：文档标题；

alinkColor：正单击的超链接颜色；

linkColor：超链接颜色；

vlinkColor：已单击的超链接颜色。

2）Document 对象的数组属性

Anchors 对象数组：文档中用语句“<A Name=... >---</A>”定义的每一个锚点即为一个锚点对象，这些锚点对象构成文档中的 Anchors 数组。

length 属性：是 Anchors 对象数组的唯一属性。anchors.length 用于记录文档中的锚点数。

举例：

```
<script>
function linkToAnchor(num){
if (parent.anchors2.document.anchors.length>=num)
parent.anchors2.location.hash=num
else
alert("目标不存在！");}
</script>
```

3）Document 对象元素

（1）Image 对象数组。

在文档中的一个<img --->标记即为一个 image 对象，多个 image 对象构成 image 数组。image 标记作为 image 对象，从而允许对 image 的属性进行动态设置。

Image 对象的属性包括 name, src, width, height, border, hspace, vspace, lowsrc(图像下载完毕前显示的图像)。

见例：image_c_w_h.htm。

（2）链接对象。

文档中的超链接也可作为对象来使用，通过 links 数组可对超链属性进行控制。链接对象的属性包括 Hash（URL 中的锚点）、Host（域名或 IP）、Hostname（主机与端口）、Href（超链的 URL）、Pathname、Port、Protocal、Search（查询信息）。

见例：4-16.htm。

举例：

```
<html>
<head>
<meta http-equiv="Content-Type" content="text/html; charset=gb2312">
```

```
<title>无标题文档</title>
</head>
<script language="javascript">
function change(){
document.links[0].href="2.jpg";
}
</script>
<body>
<p align="center"><a href="1.jpg" target="_blank">click me!</a>
<p align="center"><input type="button" name="b1"   value="change" onClick="change()">
</body>
</html>
```

4）Document 对象的方法

（1）Write 方法。

用法：

```
Document.write(string1,string2,…)
```

（2）Writeln 方法。

用法：

```
Document.writeln(srring1,string2,…)
```

与 Write 方法不同之处在于 writeln()方法自动在文本之后加入回车。

（3）document.Open 方法。

方法：打开一个新文档，并擦除当前文档的内容。

open 有两个默认参数：document.open(“text/html”,“”)。第一个参数规定文档的类型，默认值是“text/html”。第二个参数通常为“空”或“replace”，如果启用了该值，则新建的文档会覆盖当前页面的文档（相当于清空了原文档里的所有元素）。

（4）close 方法。

该方法将关闭 open()方法打开的文档流，并强制地显示出所有缓存的输出内容。如果使用 write()方法动态地输出一个文档，须调用 close()方法，以确保所有文档内容都能显示。

（5）clear 方法。

该方法用于清理文档中的内容，很多浏览器并不支持这个方法。

举例：

```
<script type="text/javascript">
function createNewDoc()
{
```

```
 var newDoc = document.open();
 var txt = "<html><body>学习 WEB 非常有趣!</body></html>"
 newDoc.write(txt);
 newDoc.close();
}
</script>

<input type="button" value="打开并写入一个新文档" onclick="createNewDoc()" />
```

举例：

```
<script type="text/javascript">
function createNewWin()
{
 var win = window.open("","","width=200,height=200");
 var txt = "<html><body>学习 WEB 非常有趣!</body></html>"
 win.document.open();
 win.document.write(txt);
 win.document.close();
}
</script>

<input type="button" value="打开新窗口" onclick="createNewWin()" />
```

5. Form 对象

Form 对象使设计人员可用表单中不同的元素与客户机用户相交互，从而实现动态改变 Web 文档的行为。

通常一个 Web 页面由一个窗体或几个窗体组成，它们组成一个 Forms 数组，使用 Forms[]可实现对不同窗体的访问。

1）Form 对象的属性

Name：表单的名称；

Target：指定显示服务器返回信息的窗口；

action：服务器端接收表单程序对应的 URL；

Method：信息数据传送方式（get/post）；

Enctype：表单编码方式；

Elements：表单子对象数组。

2）Form 对象的方法

（1）submit()方法。

该方法主要作用就是向服务器实现表单信息（用户输入数据）的提交。如提交 Mytest 窗体，则使用下列格式：

document.mytest.submit()

（2）Reset()方法。

该方法用于清除表单中用户输入的数据，将各表单域恢复为默认值。

注意：submit()方法和 Reset()方法实际在模拟“submit”和“Reset”按钮的功能。

举例：

```
<html><body>
<form name="f1">
<input type="text" name="t1" value="文本 1">
<input type="button" name=" button1" value="按钮 1"></form>
<form name="f2"><input type="text" name="t2" value="文本 2"></form>
<script language="JavaScript">
document.write("本网页共有:"+document.forms.length+"个表单。它们是:<br>");
for (var i=0;i<document.forms.length;i++){
document.writeln("表单名:"+document.forms[i].name+" ; ");
   document.writeln("action 值:"+document.forms[i].action+" ; ");
   document.writeln("method 值:"+document.forms[i].method+"<br>");
   document.writeln("表单名:"+document.forms[i].name+" ; ");
document.writeln( “共有:”+document.forms[i].length+“个元素。”);
for (var j=0;j<document.forms [i]. length;j++){
document.writeln(“第”+j+ “个元素的 name”:+ document.forms [i].elements[j].name+" ; ");
document.writeln(“第”+j+ “个元素的 value”:+ document.forms [i].elements[j].value+" ; ");}}
</script></body></html>
```

举例：

```
Form_button_hidden.asp:
<html>
<% c1=request.form("hidden")
response.write(request.form("hidden"))%><br><%
response.write("提交成功!")%>
<head></head>
 <body>
 </body>
 </html>
```

表单中的基本元素都是对象。它们有相应的属性和方法,可在程序中动态设置、获取、调用。基本元素由按钮、单选按钮、复选按钮、提交按钮、重置按钮、文本框等组成。表单中的基本元素构成一个表单基本元素数组 elements[n]。

访问基本元素的方法有两个：

① 通过表单元素数组下标来实现访问。

```
formName.elements[].methodName/propertyName
```

② 通过表单元素的元素名来实现访问。

```
formName.elemaentname. methodName/ propertyName
```

举例：

```
F1.elements[0].value= “button1” ;
F1.button1.value= “button1” ;
```

• 按钮对象：submit、reset、button。

属性：

Name：名称，对应文档中 button 的 Name。

Value：对应 HTML 文档中 Value 的信息。

Type：类型。

Width：宽度。

Height：高度。

Form:所属表单.

方法：click(), focus(), blur()等，执行这些方法将触发相应事件。

对“提交”按钮，执行 submit()与单击该按钮效果一致。

对“重置”按钮，执行 reset()与单击该按钮效果一致。

见例：4-19.htm。

• Text 单行文本框。

基本属性：

Name：对应于 HTML 文档中的 Name。

Value：对应 HTML 文档中的 Value。

defaultvalue：默认值。

基本方法：

blur()：失去焦点。

select()：加亮文字。

主要事件：

OnFocus：当 Text 获得焦点时，产生该事件。

OnBlur：从元素失去焦点时，产生该事件。

Onselect：当文字被加亮显示后，产生该事件。

Onchange：当 Text 元素值改变时，产生该事件。

- 其他表单基本对象。

Textarea 多行文本框：用法与 Text 单行文本框相同。

Password 密码框：用法与 Text 单行文本框基本相同，但无 onClick 事件。

hidden：隐藏对象，用于携带非显示信息内容。通常用于向服务器传递信息。用法与单行文本框基本相同，无 defaultvalue 属性。

举例：

```
<script Language="JavaScript">
function act(){
document.f1.text1.select();}
</script>-----
<form name="f1">
<input type=text name="text1" value="hellow">
<p align=center><input type=button name="button1" value="button1" onClick="act()">
</form>
```

- Checkbox 复选框。

属性：

name：名称。

Value：对应 HTML 文档中 Value 的信息。

Checked：该属性指明框的状态是否被选中，值：true/false。

defauitchecked：默认选中状态。

方法：click(), focus(),blur()等。

- Radio 单选按钮。

用法：与 Checkbox 复选框相同。

- Select 下拉列表对象：

属性：

name：对应文档中的 name。

Length：对应文档 select 中的 length。

options：组成多个选项的数组。

selectIndex：该下标指明一个选项。

Text：每一选项对应的文字。

selected：指明当前选项是否被选中。

Index：指明当前选项的位置。

defaultselected：默认选项。

方法：OnBlur,OnFocas,Onchange。

举例：

```
function change1(){
```

```
document.f1.sel.selectedIndex="1";
document.f1.sel.options[1].text="wuhan";
}-----
please tell us your living city:<br>
<select   name=sel >
<option value="s1" selected > BEIJING</option>
<option value="s2" > SHANGHAI</option>
<option value="s3" > GUANGZHOU</option>
</select>----------
<input type=button name="button3" value="button3" onClick="change1()">
</form>
```

6. History 对象

History 对象用于保存历史记录中某时间段内所输入的 URL 信息，并提供方法对这些 URL 信息进行操作。

1）History 对象的属性

Current：当前的 URL；
Length：历史清单中所有的 URL 项数；
Next：下一项 URL；
Previous：前一项 URL。

2）History 对象的方法

Back()： 载入前一个 URL。
Forward()：载入后一个 URL。
Go(参数)：载入参数指定的 URL 项。参数为整数时，载入与当前 URL 项相距参数指定位置的 URL 项；参数为字符串时，载入最近的含有该字符串的 URL 项。
见例：4-21.htm、4-21a.htm。

7. Location 对象

Location 对象存储了当前 URL 的信息。

1）Location 对象的属性

（1）Href：返回或者设置页面当前的 URL 地址。如把浏览器连接到某个主页：
Document.Location.href= “http://www.cctv.com/”
（2）Host：返回网页主机名以及所连接的 URL 的端口（但实际在浏览器中返回的是 IP 地址）。

（3）Protocal：返回当前使用的协议。例如，现在正在浏览器中访问 FTP 站点，那这个属性将返回字符串“ftp”。

2）Location 对象的 3 种方法

Assign：将当前 URL 地址设置为其参数所给出的 URL。

Reload：重载当前网址。

Replace：用参数中给出的网址替换当前网址。

见例：location.htm。

8. Frames 对象

Frames 框架主要用来“分割”视窗，使每个“小视窗”能显示不同的 HTML 文件，不同框架之间可以相互通信。

框架可以将屏幕分割成不同的区域，每个区域有自己的 URL，通过 Frames[]数组对象可实现对不同框架的访问。

1）Frame 对象的属性

Frame 对象的属性包括 name, length, parent（父窗口，或父框架），self，window, top（最上层窗口），frames 数组等。

2）Frame 对象的方法

与 window 的方法相同。

3）如何访问框架

要实现对窗口中不同框架的访问，可使用 windows 对象中的 Frames 数组，窗口中的框架是数组中的数组元素。也可使用“window 对象.Framesname”的方式：

```
parent.frames[Index1].docuement.forms[index2];
parent.frames.length 可确定窗口中框架的数目。
```

使用框架名和窗体名来实现框架及各元素的访问：

```
parent.framesName.decument.formNames.elementName.(m/p)
```

第 6 章 JavaScript 实验

6.1 一个简单的 JavaScript 例子

6.1.1 实验目的

（1）掌握 JavaScript 页面的基本结构。
（2）掌握 HTML 页面中如何嵌入 JavaScript 脚本代码。
（3）掌握 < SCRIPT > 标记的使用。
（4）掌握 JavaScript 脚本代码的运行与调试。

6.1.2 实验内容

输入如下内容,并在浏览器中调试运行：

```
< HTML >
< HEAD > < TITLE > This is a test < /TITLE >
< /HEAD > < BODY >
你好
< SCRIPT LANGUAGE="JavaScript" >
        document.write ("Hello，JavaScript! ");
< /SCRIPT >
< /BODY >
< /HTML >
```

JavaScript 编程要求：

- 声明一个脚本程序须用 < SCRIPT > 标记。
- LANGUAGE 属性声明该脚本是用什么语言编写的,默认情况下为：JavaScript.
- 在<Script>和</Script>之间的任何内容都视为脚本语句，会被浏览器解释执行。
- 在 JavaScript 脚本中，用“//”作为行的注释标注,同时，每一条语句的最后必须使用一个分号。

```
< SCRIPT LANGUAGE="JavaScript" >
    < !--
        JavaScript 语句串 …  ;
    -- >
    < /SCRIPT >
```

- JavaScript 源代码可以出现在文档头（head 节）或文档体（body 节）中的任何位置。
- 为了使旧版本浏览器（即 Navigator2.0 版以前的浏览器）避开不能识别的“JavaScript 语句串”，可使用 HTML 的注解标记 < !--……-- >，将 JavaScript 源代码解括起来。
- JavaScript 代码即可直接嵌入 HTML 中，也以扩展名“.js”单独存放，再利用以下格式的<SCRIPT>标记引入：

```
<script src= "xxx.js" >
```

6.1.3　实验结果

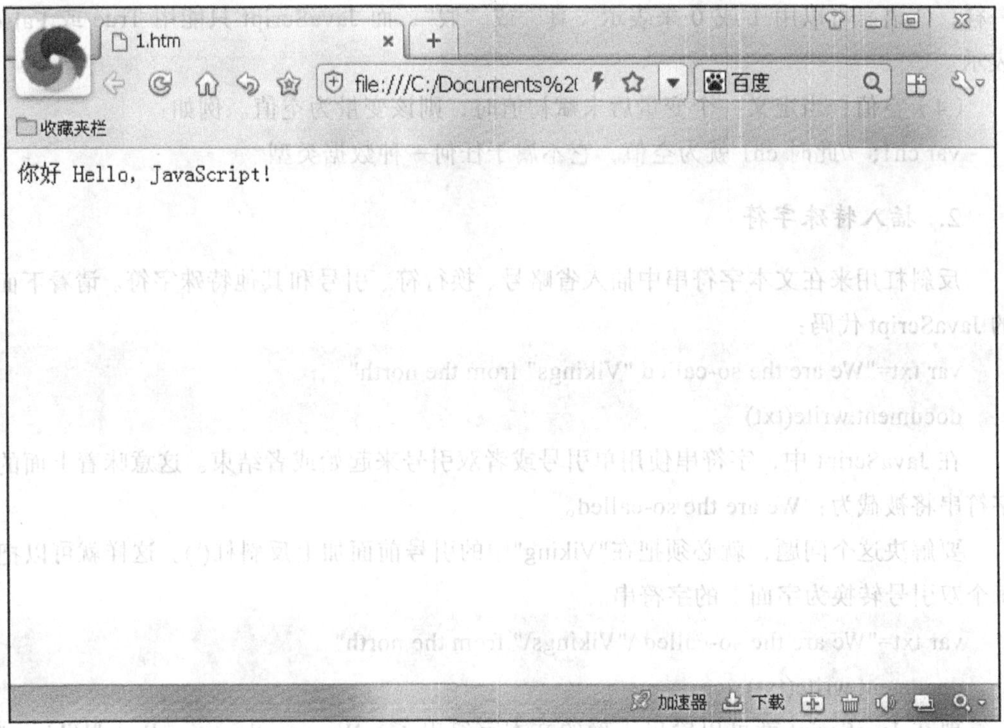

图 6-1　实验结果

6.2 JavaScript 基本数据类型

6.2.1 实验目的

（1）掌握 JavaScript 数据类型。

（2）掌握 JavaScript 特殊字符。

（3）掌握 JavaScript 字符输出。

6.2.2 实验内容

1. 复习 JavaScript 的基本数据类型

JavaScript 的基本数据类型如下：

（1）数值型，包括十进制数、八进制数、十六进制数、浮点数。

（2）字符型，即用双引号或单引号括起来的多个或一个字符，如“Hello!”，‘A’。

（3）逻辑型，其取值只能是“真”或“假”，用 True 或 False 来表示，与 C 语言不一样，C 语言可以用 1 或 0 来表示“真”或“假”，而 JavaScript 只能用 True 或 False 表示。

（4）空值：当定义一个变量后未赋初值时，则该变量为空值。例如：

```
var ch1; //此时 ch1 就为空值，它不属于任何一种数据类型
```

2. 插入特殊字符

反斜杠用来在文本字符串中插入省略号、换行符、引号和其他特殊字符。请看下面的 JavaScript 代码：

```
var txt="We are the so-called "Vikings" from the north"
document.write(txt)
```

在 JavaScript 中，字符串使用单引号或者双引号来起始或者结束。这意味着上面的字符串将被截为：We are the so-called。

要解决这个问题，就必须把在"Viking"中的引号前面加上反斜杠(\)。这样就可以把每个双引号转换为字面上的字符串。

```
var txt="We are the so-called \"Vikings\" from the north"
document.write(txt)
```

现在 JavaScript 就可以输出正确的文本字符串了：We are the so-called "Vikings" from the north。

这是另一个例子：

```
document.write ("You \& me are singing!")
```

上面的例子会产生以下输出：

```
You &me are singing!
```

3．输入代码验证结果

```
var num1=1.1;
var num2=0.1;
var num3=.2; //有效，但不推荐
var num8=034;
var num16=0x34;
var y=123e5;          // 12300000
var z=123e-5;         // 0.00123
var t=true;
var f=false;
                document.write (num1+"<br/>");
                document.write (num2+"<br/>");
                document.write (num3+"<br/>");
                document.write (num8+"<br/>");
                document.write (num16+"<br/>");
                document.write (y+"<br/>");
                document.write (z+"<br/>");
                document.write (t+"<br/>");
                document.write (f+"<br/>");
```

验证结果如图 6-2 所示。

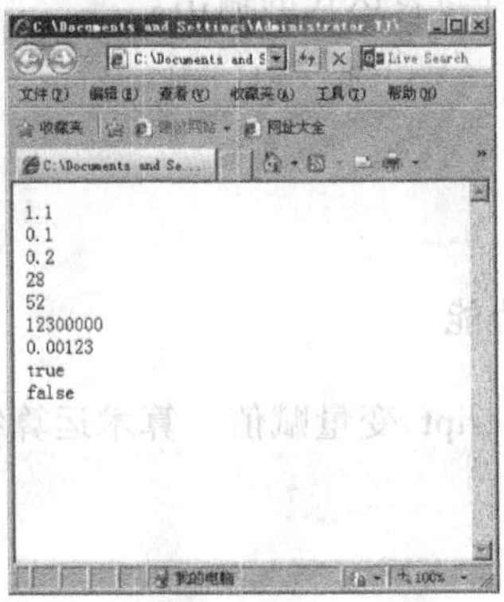

图 6-2　验证结果

JavaScript 特殊字符见表 6-1 所示。

表 6-1 JavaScript 特殊字符

代　码	输　出
\'	单引号
\"	双引号
\&	和号
\\	反斜杠
\n	换行符
\r	回车符
\t	制表符
\b	退格符
\f	换页符

6.3 JavaScript 运算符与表达式

6.3.1 实验目的

（1）熟练掌握 JavaScript 运算符。

（2）熟练掌握 JavaScript 表达式。

（3）掌握 JavaScript 运算符与表达式的输出。

6.3.2 实验内容

1. 验证算术运算符的功能

运算符“=”用于给 JavaScript 变量赋值；算术运算符“+”用于把值加起来。

```
y=5;
z=2;
x=y+z;
```

在以上语句执行后，x 的值是 7。

表 6-2　常用算术运算符

运算符	运算符定义	举　例	说　明
+	加法符号	X=A+B	
-	减法符号	X=A-B	
*	乘法符号	X=A*B	
/	除法符号	X=A+B	
%	取模符号	X=A%B	X 等于 A 除以 B 所得的余数
++	加 1	A++	A 的内容加 1
--	减 1	A--	A 的内容减 1

注：其中“+”也作为字符串连接运算符，将两个字符串连接起来，当有一个操作数不是字符串时，将先转换，再进行合并。

2. 验证位运算符的作用

位运算符的作用是对两个操作数上相同位置的位逐位进行运算。

举例：

```
document.write (4<<2);
```

表 6-3　位运算符

运算符	运算符定义	举　例	说　明
~	按位求反	X=～A	
<<	左移	X=B<<A	（A 为移动次数，左边移入 0）
>>	右移	X=B>>A	（A 为移动次数，右边移入 0）
>>>	符号右移	X=B>>>A	（A 为移动次数，右边移入符号位）
&	位“与”	X=B&A	
^	位“异或”	X=B^A	
|	位“或”	X=B|A	

3. 验证复合赋值运算符的作用

表 6-4　复合赋值运算符

运算符	运算符定义	举　例	说　明
+=	加	X+=A	X=X+A
-=	减	X=-A	X=X-A
*=	乘	X*=A	X=X*A
/=	除	X/=A	X=X/A

续表

运算符	运算符定义	举　例	说　明
%=	模运算	X&=A	X=X%A
<<=	左移	X<<=A	X=X<<A
>>=	右移	X>>=A	X=X>>A
>>>=	无符号右移	X>>>=A	X=X>>>A
&=	位“与”	X&=A	X=X&A
^=	位“异或”	X^=A	X=X^A
|=	位“或”	X|=A	X=X|A

4. 验证比较运算符的作用

表 6-5　比较运算符

运算符	运算符定义	举　例	说　明
==	等于	A==B	A 等于 B 时为真
>	大于	A>B	A 大于 B 时为真
<	小于	A<B	A 小于 B 时为真
!=	不等于	A!=B	A 不等于 B 时为真
>=	大于等于	A>=B	A 不大于等于 B 时为真
<=	小于等于	A<=B	A 小于等于 B 时为真
?:	条件选择 E?A:B	E 为真时选 A，否则选 B	

5. 验证逻辑运算符的作用

表 6-6　逻辑运算符

运算符	运算符定义	举　例	说　明
&&	逻辑“与”	A&&B	A 与 B 同时为 True 时，结果为 True
!	逻辑“非”	!A	如 A 原值为 True，结果为 False
||	逻辑“或”	A||B	A 与 B 有一个取值为 True 时，结果为 True

6. 输入下列代码并运行

```
txt1="What a very";
 txt2="nice day";
 txt3=txt1+txt2;
 txt4=txt1+" "+txt2;
 document.write (txt1+"<br/>");
```

```
document.write (txt2+"<br/>");
document.write (txt3+"<br/>");
document.write (txt4+"<br/>");
x=5+5;
document.write(x+"<br/>");
 x="5"+"5";
document.write(x+"<br/>");
 x=5+"5";
document.write(x+"<br/>");
 x="5"+5;
document.write(x+"<br/>");
document.write (4<<2);
document.write ("<br/>");
y=128;
document.write (y>>>=2);
document.write ("<br/>");
    document.write (9>6);
    document.write ("<br/>");
    document.write (true&&false);
```

7. **参考结果**

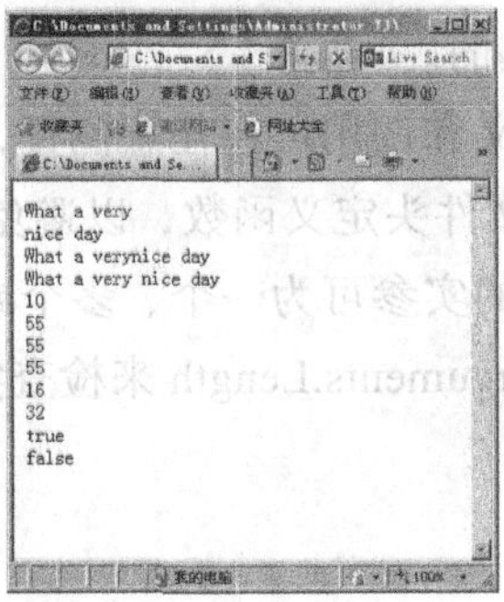

图 6-3　参考结果

6.4　JavaScript 函数

6.4.1　实验目的

（1）掌握 JavaScript 函数的功能。

（2）掌握 JavaScript 函数的定义与调用。

（3）掌握 JavaScript 系统函数的使用。

6.4.2 实验内容

1. JavaScript 函数的基本功能

使用函数能为程序设计提供方便。和其他高级语言一样，JavaScript 函数也是将程序中多次要用到的部分封装成函数，以供调用。JavaScript 函数还可作为事件处理程序对用户激发的事件进行响应，从而实现将一个函数与事件驱动相关联。

2. JavaScript 函数的定义与使用

```
function   函数名（参数 1,参数 2,---）
{
函数体;.
return  表达式;
}
```

说明：

（1）函数由关键字 function 定义。

（2）参数表是传递给函数使用或操作的值，其值可以是常量，变量或其他表达式。

（3）必须使用 return 将值返回。

（4）函数名对大小写是敏感的。

（5）JavaScript 中函数的定义和调用可在任意位置，但为使函数的定义先于函数调用载入浏览器，建议在 HTML 文件头定义函数，以避免引起函数未定义错误。

（6）JavaScript 中函数调用的实参可为一个、多个或没有，不要求实参个数与形参个数的一致，可通过系统变量 arguments.Length 来检查实参的个数。

3. 输入代码并运行

（1）输入以下代码：

```
<HTML>
<HEAD>
<TITLE>一个 JavaScript 程序测试
</TITLE>
<SCRIPT LANGUAGE=javascript>
    function total (i,j) {
        var sum;
```

```
            sum=i+j;
            return(sum);                    }
        document.write("调用这个函数 total(100,20) ,结果为:", total(100,20) )
    </SCRIPT>
    </HEAD>
    <BODY></BODY></HTML>
```

（2）输入以下代码：

```
    <HTML>
    <HEAD>
    <TITLE>一个 JavaScript 程序测试
    </TITLE>
    <SCRIPT LANGUAGE=javascript>
        function total (i,j) {
            var sum;
            sum=i+j;
            return(sum);                    }
        document.write(" 调 用 这 个 函 数  total(100,20)  , 结 果 为 :",  total(100,20)  );
document.write("<br>调用这个函数 total() ,结果为:", total() );
    document.write("<br>调用这个函数 total(20) ,结果为:", total(20) )
    </SCRIPT>
    </HEAD>
    <BODY bgcolor="blue" text="white"></BODY></HTML><BODY></BODY></HTML>
```

4. 实验结果

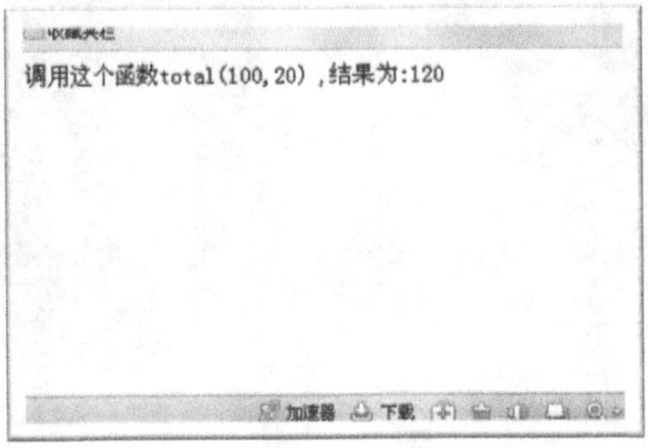

图 6-4 实验结果 1

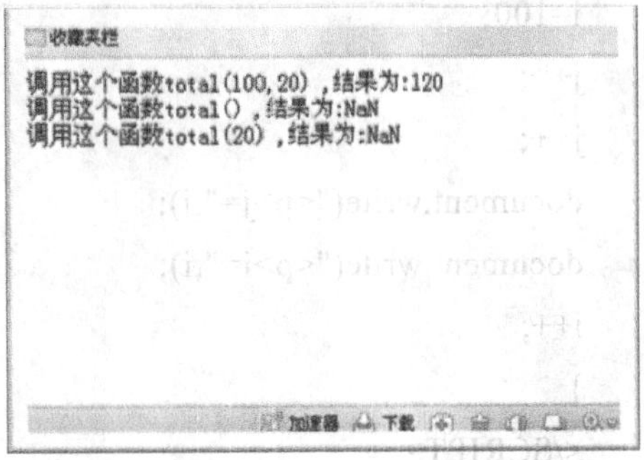

图 6-5 实验结果 2

6.5 JavaScript 中的变量

6.5.1 实验目的

（1）了解 JavaScript 中的全局变量的作用范围。
（2）了解 JavaScript 中的局部变量的作用范围。
（3）分析、总结 JavaScript 中的全局变量、局部变量与其他语言的异同。

6.5.2 实验内容

1. JavaScript 中的变量

与 C 语言类似，JavaScript 中的变量有全局变量与局部变量之分。

局部变量：在函数内用 var 声明的变量，其作用域为该函数。

全局变量：① 在函数外用 var 声明的变量；② 在函数内未用 var 声明的变量。全局变量的作用域为整个 HTML 文件。

2. 输入代码并运行

```
<HTML>
<HEAD>
<TITLE>一个 JavaScript 程序测试
</TITLE>
<SCRIPT LANGUAGE=javascript>
var    i,j=10;
function output(){
var j=0;
i=100;
j++;
j++;
document.write("<p>j=",j);
document.write("<p>i=",i);
i++;
}
</SCRIPT>
</HEAD>
```

```
<BODY>
<script language=javascript>
document.write("<p>j=",j);
output();
document.write("<p>i=",i,"j=",j);
</script>
</BODY></HTML>
```

3. 实验结果

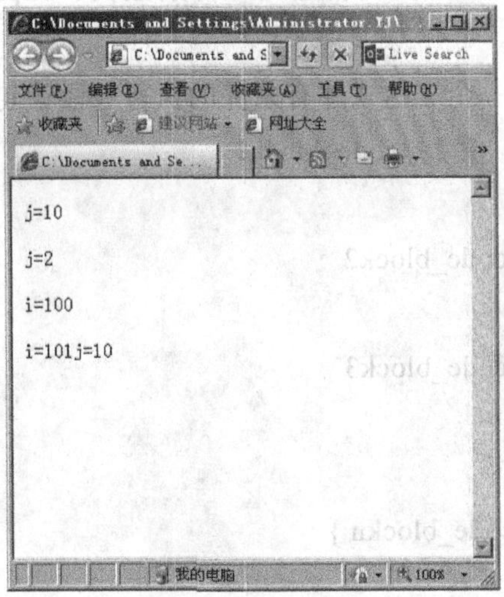

图 6-6　实验结果

6.6　JavaScript 的流程控制语句

6.6.1　实验目的

（1）练习使用 JavaScript 中的条件语句。

（2）练习使用 JavaScript 中的循环语句。

6.6.2　实验内容

JavaScript 提供了同 C 语言相同的程序流程控制语句。这些语句分别是 if、switch、for、do 和 while 语句。

1. **条件语句**

（1）If 语句：是一个条件判断语句，它根据一定的条件执行相应的语句块，其定义格式如下：

```
If (expr)
      { code_block1       }
else
      {code_block2}
```

注：expr 是一个布尔型的值或表达式（特别强调：expr 一定要用小括号将其括起来）。

（2）switch 语句测试一个表达式并有条件的执行一段语句，其语法格式如下：

```
switch (表达式) {case  值 1：code_block1
                 break;
           case  值 2：code_block2
                 break;
           case  值 3：code_block3
                 break;
                 …
           default：    code_blockn }
```

2. **循环语句**

（1）for 语句：用来产生一段程序循环，其语法格式如下：

```
for ( init;   test;   incre)
      {code_block}
```

（2）do…while 语句：不管条件是否成立，其循环体至少执行一次，其语法格式如下：

```
 do{
code_block
 } while (expr) ;
```

（3）while 语句：也是产生一段程序循环，其语法格式如下：

```
while (expr) {
             code_block; }
```

举例：

```
While (I<100)
{ s=s+I; I++;}
```

3. 输入代码并运行

（1）输入以下代码：

```
<html><body><script>
function sum(StartVal,EndVal)
{
  var ArgNum = sum.arguments.length;   //用户给出的参数个数
var i,s=0;
if (ArgNum == 0 )
{   StartVal = 1; EndVal = 1000; }
else if (ArgNum == 1 )
            EndVal = 1000;
for (i = StartVal; i<=EndVal; i++)
        s+=i;
return s;
}
document.write("不给出参数调用函数 sum:",sum(),"<br>");
document.write("给出一个参数调用函数 sum:",sum(500),"<br>");
document.write("给出两个参数调用函数 sum:",sum(1,50),"<br>");
</script></body></html>
```

（2）输入以下代码：

```
<html><body>
<script language=javascript>
var i,factor;
factor=1;
for (i=1;i<=10;i++)
factor * = i;
      document.write("10 的阶乘是:",factor);
</script>
</body></html>
```

4. 实验结果

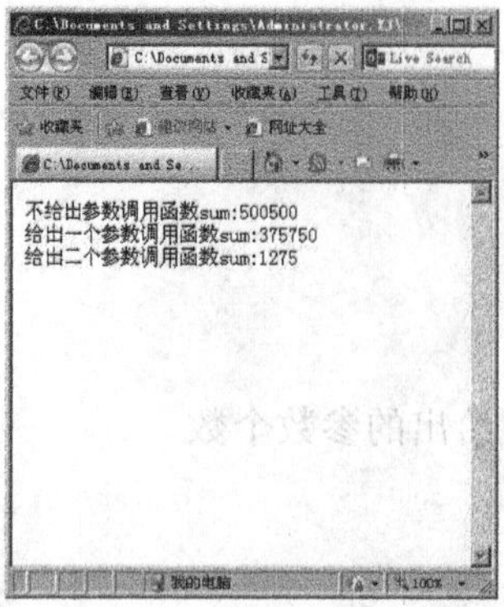

图 6-7　实验结果 1

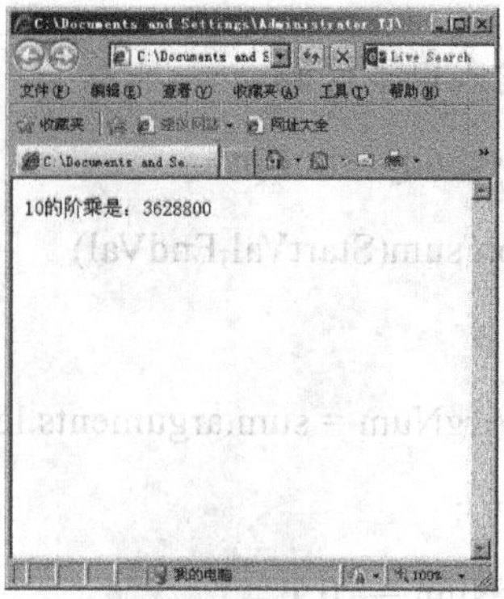

图 6-8　实验结果 2

6.7　JavaScript 的事件驱动及事件处理 1

6.7.1　实验目的

（1）了解 JavaScript 中的事件驱动。
（2）了解 JavaScript 中的事件处理程序。

6.7.2　实验内容

1. JavaScript 中的事件驱动与事件处理

JavaScript 是基于对象（object-based）的语言。基于对象的基本特征就是“事件驱动（event-driven）”。

事件驱动使得在图形界面的环境下，用户的输入操作简单化。

- 事件（Event）：指鼠标或热键的动作。
- 事件驱动（Event Driver）：由鼠标或热键引发的一连串的程序动作。
- 事件处理程序（Event Handler）：对事件进行处理的程序或函数，称之为事件处理程序。

通过鼠标或热键的动作引发的常用事件有以下几个：

（1）单击事件 onClick。

单击鼠标按钮时，产生 onClick 事件。同时 onClick 指定的事件处理程序或代码将被调用执行。

onClick 事件通常在下列基本对象中产生：

① button（按钮对象）。

② checkbox（复选框）或（检查列表框）。

③ radio（单选钮）。

④ resetbuttons（重置按钮）。

⑤ submitbuttons（提交按钮）。

举例，可通过下列按钮激活 change()文件：

```
<Form>
<Input type="button"Value="" onClick="change()">
</Form>
```

在 onClick 等号后，可以使用自己编写的函数作为事件处理程序，也可以使用 JavaScript 中内部的函数，还可以直接使用 JavaScript 的代码等。

举例：

```
<Input type="button" value="click" onClick="alert('这是一个例子')">
```

（2）onChange 改变事件。

当 text 或 textarea 等元素的输入字符改变时激发该事件，同时当在 select 表格项中一个选项状态改变后也会引发该事件。

举例：

```
<Form>
<Input type="text"name="Test"value="Test"onChange="check()">
</Form>---
---
function check()
{   document.write(" you have changed it!"); }
```

2. 输入代码并运行

（1）输入以下代码：

```
function change()
{   document.bd1.button1.value="HELLOW!"; }-----
--<Form name="bd1"><br><br>
<p align="center" >
<Input    name="button1" type="button" Value="students!" onClick="change()">
</Form>
```

（2）输入以下代码：

```
<Form>
<Input type="text"name="Test"value="Test"onChange="check()">
```

```
</Form>---
                    ---
        function check()
{   document.write(" you have changed it!"); }
```

3. 实验结果

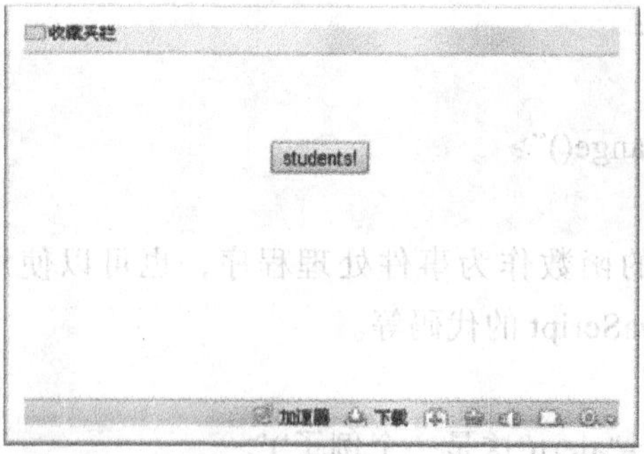

图 6-9 实验结果 1

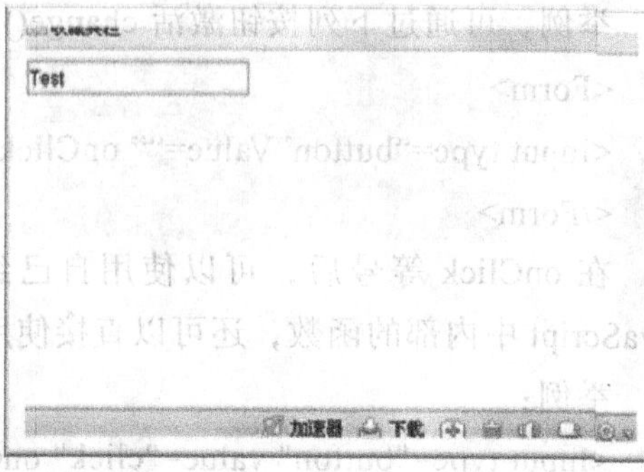

图 6-10 实验结果 2

6.8 JavaScript 的事件驱动及事件处理 2

6.8.1 实验目的

（1）进一步了解 JavaScript 中的事件驱动。

（2）进一步了解 JavaScript 中的事件处理程序。

6.8.2 实验内容

1. 了解事件类型

（1）选中事件 onSelect：当 Text 或 Textarea 等对象中的文字被拖黑（选中）后，引发该事件。

（2）获得焦点事件 onFocus：当用户单击 Text 或 textarea 及 select 对象时，产生该事件。此时该对象成为前台对象。

（3）失去焦点事件 onBlur：当 text 对象或 textarea 对象及 select 对象不再拥有焦点、而退到后台时，引发该事件，它与 onFocas 事件是一个对应的关系。

2. 输入代码并运行

（1）输入以下代码：

```
<html><body>
<script language=javascript>
function check()
{ alert(" you have selected it!"); }

</script>
<Form>
<Input type="text" name="Test" value="Test" onSelect="check()">
</Form>
</body></html>
```

（2）输入以下代码：

```
<html>
<head>
<Script Language ="JavaScript">
function lost(i)
{   alert(" Test"+i+" lost the focus!"); }
function check()
{   alert(" you have clicked the test1!"); }
function check1()
{   alert("你单击了 TEST2!"); }
</Script>
</Head>
<body><p><p>
<Form>
<p align=center><br><Input type="text" name="Test" value="Test1" onFocus="lost('1')"   >
<p align=center><br><Input type="text" name="Test1" value="Test2" onFocus="lost('2')"   >
</Form></body></html>
```

（3）输入以下代码：

```
<html>
<head>
<Script Language ="JavaScript">
function lost(i)
{   alert(" Test"+i+" lost the focus!"); }
```

```
function check()
{   alert(" you have clicked the test1!"); }
function check1()
{   alert("你单击了 TEST2!"); }
</Script>
</Head>
<body><p><p>
<Form>
<p align=center><br><Input type="text" name="Test" value="Test1" onBlur="lost('1')"   >
<p align=center><br><Input type="text" name="Test1" value="Test2" onBlur="lost('2')"   >
</Form></body></html>
```

3. 实验结果

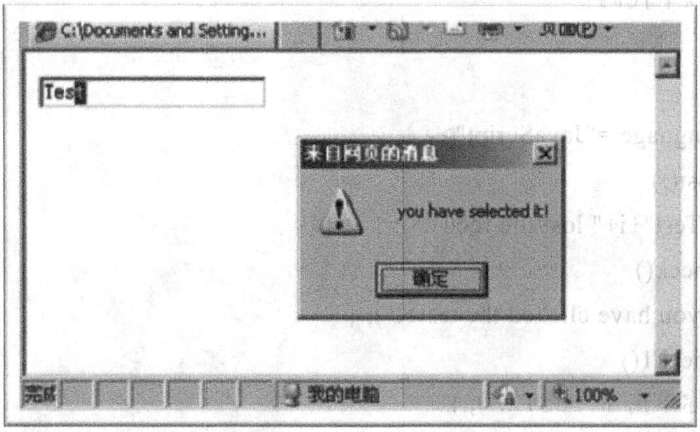

图 6-11　实验结果 1

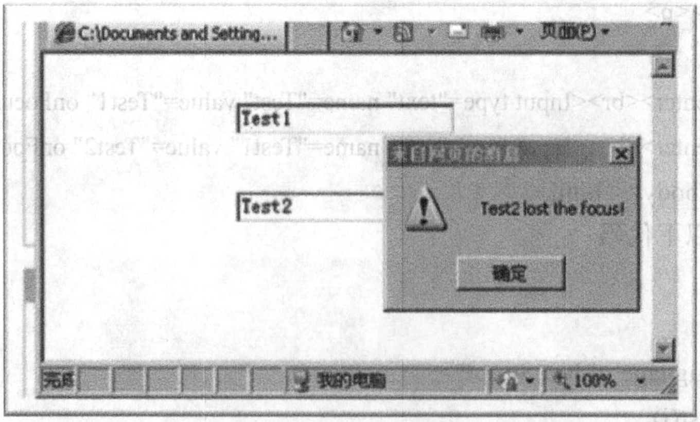

图 6-12　实验结果 2

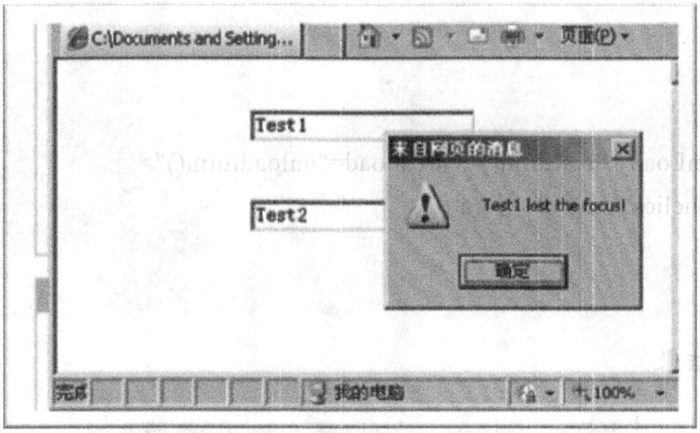

图 6-13 实验结果 3

6.9 JavaScript 的事件驱动及事件处理 3

6.9.1 实验目的

（1）了解 JavaScript 中的事件驱动。
（2）了解 JavaScript 中的事件处理程序。

6.9.2 实验内容

1. 事件类型

（1）载入文件 onLoad：当文档载入时，产生该事件。
（2）卸载文件 onUnload：当 Web 页面退出时，引发 onUnload 事件。

2. 输入代码并运行

```
<HTML>
<HEAD>
<scriptLanguage= " JavaScript " >
function loadform(){
alert("欢迎光临! ");}
function unloadform(){
alert("谢谢浏览,再见! ");
```

```
}
</script>
</HEAD>
<BODY OnLoad="loadform()" OnUnload="unloadform()">
<a href="onclick.htm">调用</a>
</BODY>
</HTML>
```

3. 实验结果

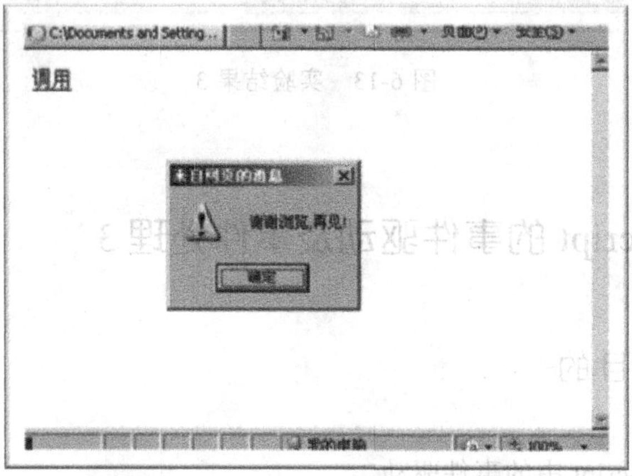

图 6-14 实验结果

6.10 JavaScript 动态改变图片

6.10.1 实验目的

（1）了解 JavaScript 中的事件驱动。

（2）了解 JavaScript 中的图片属性处理。

6.10.2 实验内容

1. 图文件的加载

语法：

```
<img src="图文件存储位置与名称"  alt="text">
```

举例：

```
<img src="images/mark.gif">
```

调用本目录下的一级子目录 images 中的图文件 mark.gif。

加载的图文件名也可以在其他服务器中调用：

border=n：图片边框，n=0 时为无边框。

height=n：图片高度，单位为像素。

width=n：图片宽度，单位为像素。

hspace=n：设定图片左右空间的空白区域，不论文字和图片都会避开这个区域，单位为像素。

vspace=n：设定图片上下空间的空白区域，不论文字和图片都会避开这个区域，单位为像素。

2. 输入代码并运行

（1）输入以下代码：

```
<html>
<head>
<title>图片载入示范</title>
</head>
<body>
<center>
<font size=5 color=blue>图文件载入示范
</font>
</center>
<hr></hr>
<img border=5 src="007.jpg" vspace=50><br>
下方的文字
</body>
</html>
```

（2）输入以代码：

```
<!DOCTYPE html PUBLIC "-//W3C//DTD HTML 4.01 Transitional//EN" "http://
www.w3.org/TR/html4/loose.dtd">
<html>
<head>
<meta http-equiv="Content-Type" content="text/html; charset=ISO-8859-1">
<title>Insert title here</title>
</head>
```

```
<script Language="JavaScript">
function out(){
document.f1.img1.src="IMAG0002.jpg";}
function over(){
document.f1.img1.src="IMAG0003.jpg";
}
</script>
<body>
<form name="f1">
<p  align=center><img  name="img1"  src="IMAG0004.JPG"  onMouseout="out()" onMouseover="over()"  width=250  hight=250>
</form>
</body>
</html>
```

3. 实验结果

图 6-15　实验结果 1

图 6-16　实验结果 2

6.11　用 JavaScript 的事件驱动实现计算器

6.11.1　实验目的

（1）了解 JavaScript 中的事件驱动。
（2）了解 JavaScript 中的系统数学函数应用。

6.11.2　实验内容

1. 实验内容

应用 JavaScript 的事件驱动实现简单算术计算器。

2. 输入参考代码并运行

```
<html><head>
<script language="JavaScript">
<!--
//定义全局变量
var n1='',n2='';                          //定义两个变量，分别存放两个操作数
var item1_flag=true;                      //标志是否第一个操作数
var opr_type='+';                         //运算类型
function SetVal(item){                    //在输入框中置数值
  document.Cal.OutText.value+=item;       //字符串连接
  if (item1_flag)                         //若是第一个操作数
      n1+=item;                           //将其加入变量 n1
else
      n2+=item;
}
function SetOpr(opr){                     //在输入框中置运算符
  document.Cal.OutText.value+=opr;
  item1_flag=false;
  opr_type=opr;
}
function Clear( ){                        //清除输入框的内容
  document.Cal.OutText.value="";
```

```
    item1_flag=true;      opr_type='+';   n1=" ";   n2=" ";
  }
  function Compute(obj){                               //计算表达式的值
  var Result;
  if ((n1!='') && (n2!='')){
  if ((eval(n2)==0) && (opr_type=='/'))
      {   alert('除数不能是 0!');
  Clear( );
  return;
      }
  else
      {
          Result=eval(obj.OutText.value);
  document.Cal.OutText.value+='=';
          document.Cal.OutText.value+=Result;
      }
    }
  }
  //-->
  </script></head>
  <body><p align=center><form name="Cal" >
  <input type="text" value="" name="OutText"><br><br>
  <input type="button" value=" 0 "   onClick="SetVal('0')">
  <input type="button" value=" 1 "   onClick="SetVal('1')">
  <input type="button" value=" 2 "   onClick="SetVal('2')">
  <input type="button" value=" 3 "   onClick="SetVal('3')"><br><br>
  <input type="button" value=" 4 "   onClick="SetVal('4')">
  <input type="button" value=" 5 "   onClick="SetVal('5')">
  <input type="button" value=" 6 "   onClick="SetVal('6')">
  <input type="button" value=" 7 "   onClick="SetVal('7')"><br><br>
  <input type="button" value=" 8 "   onClick="SetVal('8')">
  <input type="button" value=" 9 "   onClick="SetVal('9')">
  <input type="button" value=" + "   onClick="SetOpr('+')">
  <input type="button" value=" ?"   onClick="SetOpr('?')"><br><br>
  <input type="button" value=" * "   onClick="SetOpr('*')">
  <input type="button" value=" / "   onClick="SetOpr('/')">
```

```
<input type="button" value=" CE "   onClick="Clear()">
<input type="button" value=" = "   onClick="Compute(this.form)">
</form></p></body></html>
```

3. **实验结果**

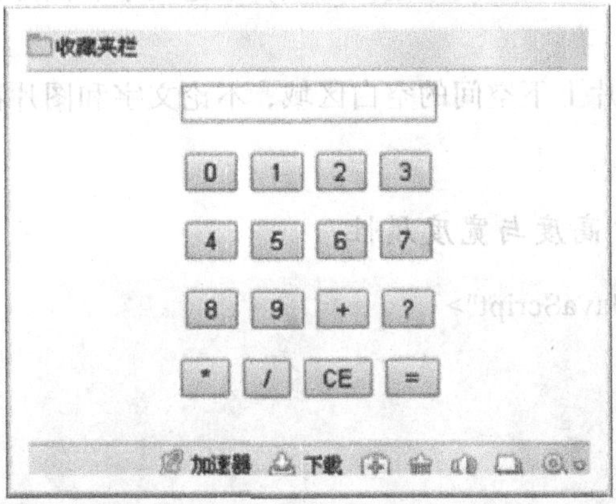

图 6-17　实验结果

6.12　JavaScript 动态改变图片大小

6.12.1　实验目的

（1）了解 JavaScript 是基于对象的语言。
（2）了解 JavaScript 中的事件驱动。
（3）了解 JavaScript 中的图片属性处理。

6.12.2　实验内容

1. **图片文件的属性**

语法：

```
<img src="图文件存储位置与名称"   alt="text">
```

举例：

```
<img src="images/mark.gif">
```

调用本目录下的一级子目录 images 中的图文件 mark.gif。

加载的图文件名也可以在其他服务器中调用：

border=n：图片边框，n=0 时为无边框。

height=n：图片高度，单位为像素。

width=n：图片宽度，单位为像素。

hspace=n：设定图片左右空间的空白区域，不论文字和图片都会避开这个区域，单位为像素。

vspace=n：设定图片上下空间的空白区域，不论文字和图片都会避开这个区域，单位为像素。

2. 动态改变图片高度与宽度属性

```
<script language="JavaScript">
    w=100;
    h=100;
    f=0;
function pic_change(){
if(f==0)
{w+=20;h+=20;}
else
{w-=20;h-=20;}
document.image1.width=w;
document.image1.heigh=h;
if(w==400)
f=1;
if(w==100)
f=0;
}
</script>
```

3. 输入代码并运行

```
<html>
<script language="JavaScript">
    w=100;
    h=100;
    f=0;
function pic_change(){
if(f==0)
```

```
{w+=20;h+=20;}
else
{w-=20;h-=20;}
document.image1.width=w;
document.image1.heigh=h;
if(w==400)
f=1;
if(w==100)
f=0;
}
</script>
<body bgcolor=#666699 onLoad="pic_change()">
<p align=center><br>
<p align=center><table border=1 cellpadding=5 cellspacing=1 bordercolor="#333333"
bordercolorlight="black" bordercolordark="#ffcc00" bgcolor="#FFFFFF">
<tr><td><image  name="image1"  src="g:\09\WEB09 上\wyzz\duyuan\imag0002.jpg"
width=400 heigh=400   align=center border=0 size=3 onClick="pic_change()">
</td></tr></table>
</body>
</html>
```

4. 实验结果

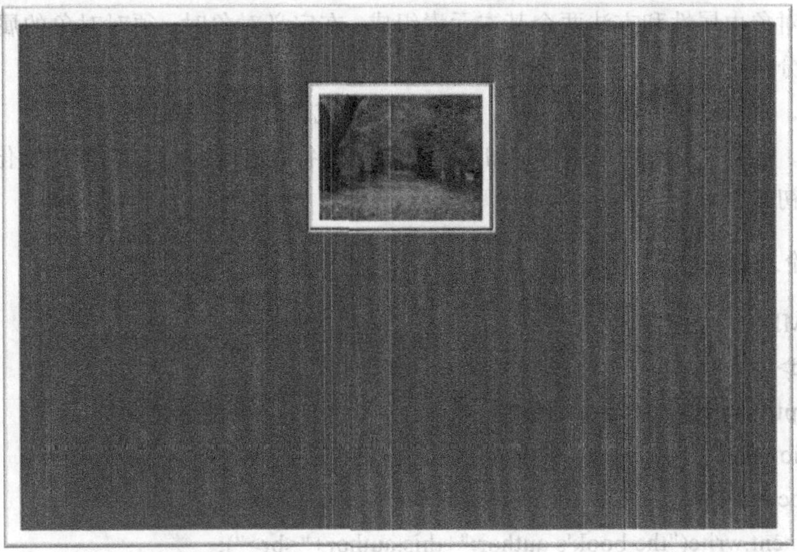

图 6-18　实验结果

6.13 JavaScript 自定义对象

6.13.1 实验目的

（1）了解 JavaScript 对象。
（2）了解 JavaScript 自定义对象。
（3）掌握 JavaScript 自定义对象的定义与使用方法。

6.13.2 实验内容

1. JavaScript 的对象

JavaScript 的对象由内建对象（包括浏览器对象）和用户自定义对象两部分组成。

- 浏览器对象：包含了浏览器中的各页面元素。
- 用户自定义对象：用户根据需求自己创建的对象，它扩展了 JavaScript 的应用范围，从而可开发出复杂的 Web 程序。

JavaScript 中的对象由属性（properties）和方法（methods）两个基本的元素的构成。

- 属性成员：是对象的数据，它描述对象的状态。
- 方法成员：是对数据的操作。

2. 创建自定义对象

由于对象由属性和方法两个基本元素组成，在定义对象时，须对对象的属性成员和方法成员分别定义。

首先，定义对象的各方法成员，每一个方法成员即为一个函数。

其次，定义对象的构造函数。构造函数中包括各属性成员的定义和初始化，以及方法成员的初始化。

3. 输入代码并运行

```
<HTML>
<head>
<Script Language ="JavaScript">
function print()
{    document.write("the book's name:"+this.name+"<br>");
document.write("the book's author:"+this.author+"<br>");
document.write("the book's publisher:"+this.publisher+"<br>");
```

```
document.write("the book's date:"+this.date+"<br>");
document.write("the book's print number:"+this.num+"<br>");
 }
function book(name,author,publisher,date,num)
{ this.name=name;
this.author=author;
this.publisher=publisher;
this.date=date;
this.num=num;
this.print=print;
}
var book1=new book();
book1.name="yuwun";
book1.author="smith";
book1.date="10-5-2003";
book1.num="5000";
book1.publisher="REN MING PUBLISHER CHINA";
</Script>
</Head>
<body><p><p>
<Script Language ="JavaScript">
book1.print();
</Script>
</body>
</HTML>
```

4. **实验结果**

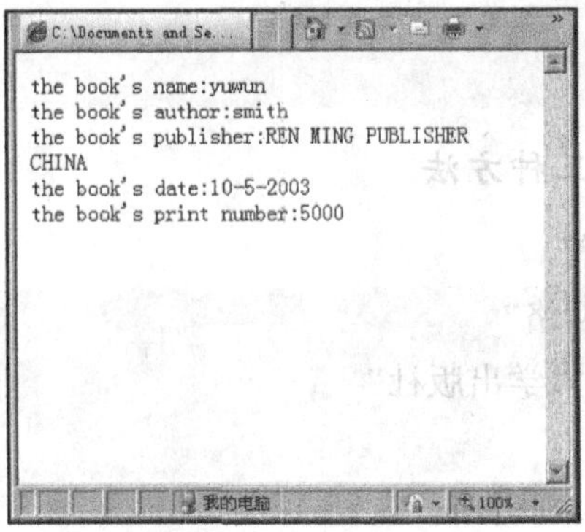

图 6-19　实验结果

6.14 JavaScript 对象的引用

6.14.1 实验目的

（1）了解 JavaScript 对象的引用。
（2）了解 JavaScript 对象引用常用的 3 种方法。
（3）掌握 JavaScript 对象属性语句。

6.14.2 实验内容

1. 基本概念

（1）对象：具有相同特性的实体的抽象描述。
（2）对象实例：具有对象特性的单个的实体。
在引用对象前，要先创建对象的实例，通过实例来引用对象的属性成员和方法成员。
创建对象实例的方法如下：

```
var  对象实例名 = new  对象名(实参表)
```

举例：

```
var book1=new book();
```

2. 对象属性成员的引用

对象实例名.对象属性名
举例：

```
publisher= book1.publisher
```

对象方法成员的引用：

```
对象实例名. 对象方法名
```

举例：

```
book1.print();
```

3. 对象属性引用的三种方法

（1）使用点（.）运算符。

```
book1.Name="计算机网络"
book1.publisher="清华大学出版社"
book1.Date="1999"
```

（2）通过对象的下标实现引用。

```
book1[0]="云南"
```

```
book1[1]="昆明市"
book1[2]="1999"
```

通过数组形式访问属性，可以使用循环操作获取其值。

```
Function    showbook1(object)
for( var j=0 ; j<2 ; j++)
document.write( object [ j ] )
```

（3）通过字符串的形式实现。

```
book1["Name"]="云南"
book1["City"]="昆明市"
book1["Date"]="2018"
```

4. 复习 For…in 语句

格式：

```
For(变量名 in 对象实例名)
```

说明：

功能：用于对已知对象的所有属性进行循环操作。

方法：是将一个已知对象的所有属性反复置给一个变量。

该语句的优点就是无须知道对象中属性的个数即可进行操作。

5. 复习 with 语句

使用该语句时，任何对变量的引用被认为是这个对象的属性，以节省一些代码。

格式：

```
With (对象实例名) {
              ...}
```

所有在 with 语句大括号中的属性的引用，都被认为是 with 后指定的对象实例的属性。

举例：

```
with (Math) {
document.write("<br>"+cos(35));
document.write("<br>"+cos(90));     }
```

6. 输入代码并运行

```
<script Language="JavaScript">
function print()
{   document.write("the book's name:"+this.name+"<br>");
document.write("the book's author:"+this.author+"<br>");
document.write("the book's publisher:"+this.publisher+"<br>");
document.write("the book's date:"+this.date+"<br>");
```

```
document.write("the book's print number:"+this.num+"<br>");
 }
function book(name,author,publisher,date,num)
{ this.name=name;
this.author=author;
this.publisher=publisher;
this.date=date;
this.num=num;
}
function showData(obj)
{ var ab;
for(ab in obj)
document.write(obj[ab]+"<p>");
}
var book1=new book();
book1.name="yuwun";
book1.author="smith";
book1.date="10-5-2003";
book1.num="5000";
book1.publisher="REN MING PUBLISHER CHINA";
showData(book1);
</script>
```

7. 实验结果

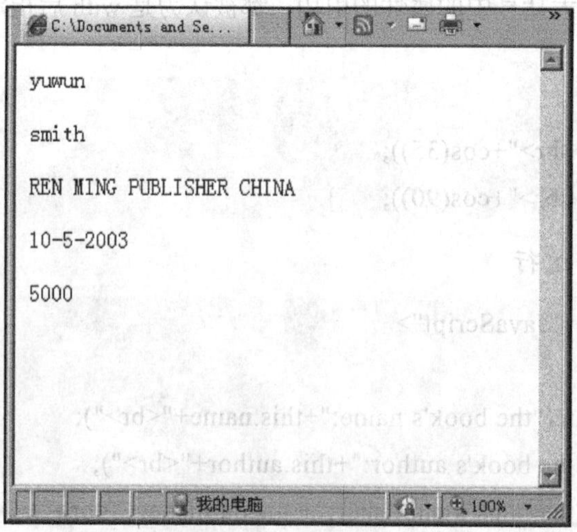

图 6-20 实验结果

6.15　Javascript 的数组对象

6.15.1　实验目的

（1）了解 JavaScript 的数组对象。

（2）了解 JavaScript 数组对象与其他程序设计语言的区别。

（3）掌握 JavaScript 数组对象的使用方法。

6.15.2　实验内容

1. 复习实现数组的方法

JavaScript 中没有明显的数组类型，在 JavaScript 中数组是通过对象来实现的。实现数组有两种方法：使用 array 内建对象、创建自定义数组对象。

（1）使用 array 内建对象。

方法：

```
var 数组名= new Array([数组长度])
```

举例：

```
var   cj= new Array (5)     var   sz= new ( );
```

其中数组元素的引用方法为：

```
数组名[下标]
```

举例：

```
cj[3]=67, cj[2]=98
```

注意：

① 数组长度在创建时可不给出，而由引用时再确定。

② 数组元素的数据类型可不相同。

③ 数组元素若为数组对象，则可创建二维数组。

④ 数组长度可动态变化。

举例：

```
<script Language="JavaScript">
var cj=new Array();
cj[0]="huaxue";
cj[1]="yuwen";
cj[2]="shuxue";
cj[3]="waiyu";
```

```
cj[4]="lishi";
document.write("<br>      "+cj.length);
for (x=0; x<=cj.length-1; x++)
{ document.write("<br>      "+cj[x]);}
</script>
```

（2）定义数组对象。

可通过 function 定义一个数组对象的构造函数，使用 New 对象操作符创建一个数组实例，从而该数组可实现任何数据类型的存储。

定义数组对象的方法如下：

```
Function    arrayName(size){
This.length=Size ; //定义数组长度
for(var X=1;X <= size; X++ )
this[X]=0;
Return this;
}
```

2. 创建数组实例

一个数组定义完成以后，还不能马上使用，必须为该数组创建一个数组实例。

```
Myarray=New    arrayName(n);
```

举例：

```
function myarray(size)
{    this.length=size;
for( x=1; x<=size; x++)
this[x]=0;
return this;    }
arr1= new myarray(5);
for(x=1;x<=arr1.length; x++)
document.write("      "+arr1[x]);
```

3. 二维数组的实验

```
<script Language="JavaScript">
var arr2=new Array(5);
document.write("<br> ");
document.write("<br>      "+arr2.length);
```

```
document.write("<br> ");
for(x=0;x<=arr2.length-1;x++)
{ arr2[x]=new Array(5);
document.write("<br> ");
for(y=0;y<=arr2[x].length-1;y++)
{   arr2[x][y]=y;
document.write(" "+arr2[x][y]);}
} </script>
```

4．输入代码并运行

（1）输入以下代码：

```
<html><title>二维数组</title>
<body>
<script Language="JavaScript">
var arr2=new Array(5);
document.write("<br> ");
document.write("<p align=center>      "+arr2.length);
document.write("<br> ");
for(x=0;x<=arr2.length-1;x++)
{ arr2[x]=new Array(5);
document.write("<br align=center> ");
for(y=0;y<=arr2[x].length-1;y++)
{   arr2[x][y]=y;
document.write(" "+arr2[x][y]);}
} </script>
</body>
</html>
```

（2）输入以下代码：

```
<html>
<head><title>数组对象</title>
<script language="JavaScript">
function updateInfo(WhichBook)
{//对象 book 的方法成员，修改对象属性值
document.BookForm.currbook.value=WhichBook;
```

```
document.BookForm.BookTitle.value=this.Title;
document.BookForm.BookPublisher.value=this.Publisher;
document.BookForm.BookAmount.value=this.Amount;
}
function Book(title,publisher,amount)
{//对象 book 的构造函数
this.Title=title;
this.Publisher=publisher;
this.Amount=amount;
this.UpdateInfo=updateInfo;
}
</script></head>
<body>
<script language="JavaScript">
var Books=new Array(); //创建数组，数组元素是 book 对象
//为数组各元素赋值
Books[0]=new Book("语文","少年儿童出版社",10000);
Books[1]=new Book("数学","高等教育出版社",5000);
Books[2]=new Book("普通物理","高等教育出版社",3000);
Books[3]=new Book("计算机基础","清华大学出版社",2000);
</script>
<h2 align=center>共有四本书，可选择查看其信息</h2>
<form name="BookForm">
选择当前所显示的书：  
<input type=button value=A 书  onClick="Books[0].UpdateInfo('A 书')">
<input type=button value=B 书  onClick="Books[1].UpdateInfo('B 书')">
<input type=button value=C 书  onClick="Books[2].UpdateInfo('C 书')">
<input type=button value=D 书  onClick="Books[3].UpdateInfo('D 书')"><br><br>
当前书：<input type="text" name="currbook" value="A 书"><br><br>
书名：<input type="text" name="BookTitle" value="语文
"><br><br>
出版社：<input type="text" name="BookPublisher" value="少年儿童出版社"><br><br>
印数：<input type="text" name="BookAmount" value="10000">
</form></body></html>
```

5. 实验结果

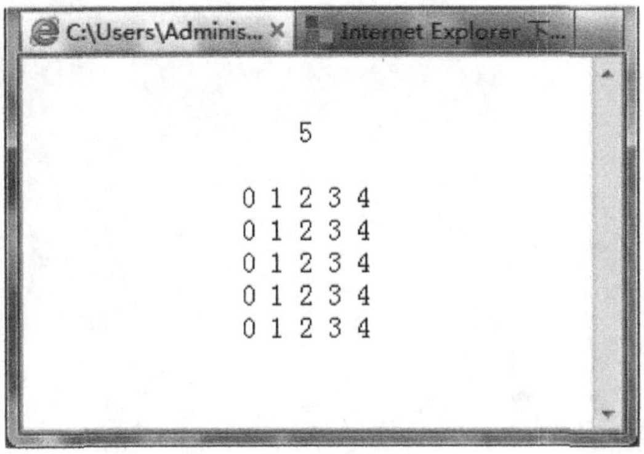

图 6-21 实验结果 1

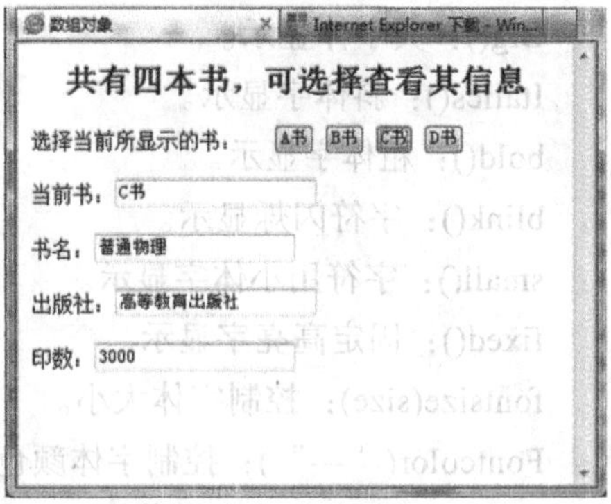

图 6-22 实验结果 2

6.16 JavaScript 的 String 对象

6.16.1 实验目的

（1）了解 JavaScript 的 String 对象。
（2）了解 JavaScript 常用字符控制方法。
（3）掌握 JavaScript 中 String 对象的使用方法。

6.16.2 实验内容

1. String 对象

String 对象封装了一个字符串，它提供了许多字符串的操作方法。

String 对象的唯一属性是 length。

主要方法：

锚点 anchor()：该方法用于创建 anchor 标记。使用 anchor 方法和用 HTML 中的（A Name=""）一样。它通过下列格式创建：

```
string.anchor(anchorName)
```

举例：

```
cha="hellow"
md=cha.anchor("ks1");
document.write("<br>    "+md);
```

2. JavaScript 常用字符显示控制方法

Big()：大字体显示。

Italics()：斜体字显示。

bold()：粗体字显示。

blink()：字符闪烁显示。

small()：字符用小体字显示。

fixed()：固定高亮字显示。

fontsize(size)：控制字体大小。

Fontcolor("---")：控制字体颜色。

toLowerCase()：小写转换。

toUpperCase()：大写转换。

举例，字符显示控制：

```
<script Language="JavaScript">
var str1="GOOD MORNING!";
document.write(str1.blink()+"<br>");
document.write(str1.bold()+"<br>");
document.write(str1.fixed()+"<br>");
document.write(str1.fontcolor("blue")+"<br>");
document.write(str1.toLowerCase()+"<br>");
</script>
```

3. 字符搜索

```
indexOf(子串,开始位置)
```

从指定位置开始搜索子串第一次出现的位置。

```
lastindexOf(子串)
```

从右向左开始搜索子串第一次出现的位置。

```
substring(start,end)
```

返回字串的一部分字串：从 start 开始到 end 的字符全部返回。

```
var str1="GOOD MORNING!";
document.write(wz=str1.indexOf("NING",2)+"<br>");
document.write(str1.lastIndexOf("MOR")+"<br>");
document.write(str1.substring(6,12)+"<br>");
```

4. 输入代码并运行

（1）锚点 anchor()方法使用：

```
<HTML><HEAD><TITLE></TITLE>
```

```
<SCRIPT language=Javascript>
cha="hellow"
md=cha.anchor("ks1");
document.write("<br>    "+md);
var hstr="去新浪！ ";
var hloc=hstr.link("http://www.sina.com");
document.write("<br>    "+hloc);
</SCRIPT>

<META content="MSHTML 6.00.3790.0" name=GENERATOR></HEAD>
<BODY>
<P>thjfdh
<P>dgdsfg
<P>fbhfgh
<P>vbnf
<P>fghdfg
<P>fghdf
<P>fgh
<P>fh
<P>fh
<P>thjfdh
<P>dgdsfg
<P>fbhfgh
<P>vbnf
<P>fghdfg
<P>fghdf
<P>fgh
<P>fh
<P>fh
<P><A name=a1>hellow!<BR></A>
<P><A name=a2>you!</A>
<P><A href="#ks1">welcome</A></P></BODY></HTML>
```

（2）字符显示控件：

```
<html>
 <head><title>字符显示控制</title>
 </body>
```

```
        <script Language="JavaScript">
        var str1="GOOD MORNING!";
        document.write(str1.blink()+"<br>");
        document.write(str1.bold()+"<br>");
        document.write(str1.fixed()+"<br>");
        document.write(str1.fontcolor("blue")+"<br>");
        document.write(str1.toLowerCase()+"<br>");
        </script>
</body>
</html>
```

5. 实验结果

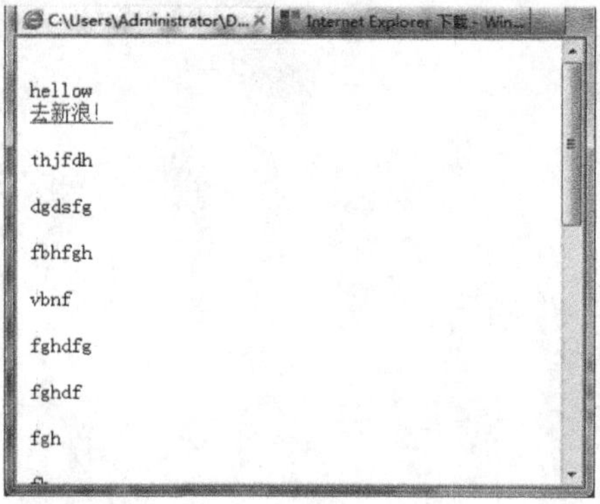

图 6-23　实验结果 1

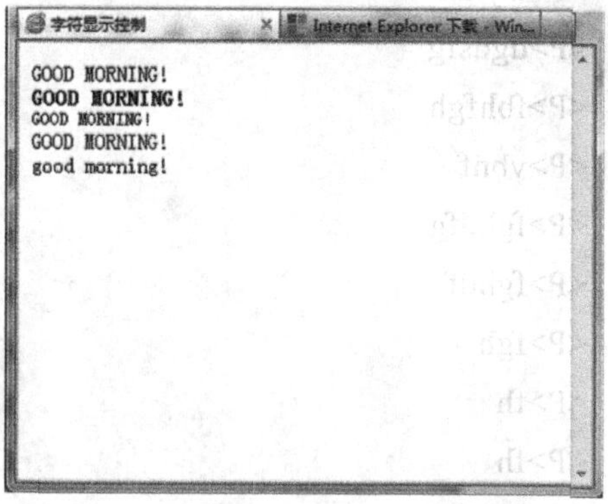

图 6-24　实验结果 2

6.17　JavaScript 的 Date 对象

6.17.1　实验目的

（1）了解 JavaScript 的 Date 对象。
（2）了解 JavaScript 的 Date 对象的 get()、set()方法。
（3）掌握 JavaScript 中 Date 对象的应用方法。

6.17.2　实验内容

1. Date 对象

Date 对象：提供有关日期和时间及其相关操作。

Date 属于动态内建对象，必须使用 New 运算符来创建实例。

举例：

```
MyDate=New Date()
```

Date 对象没有属性，只有获取和设置日期和时间的方法。日期起始值：1970 年 1 月 1 日 00:00:00。

创建 Date 对象实例：

```
var 对象名=new Date ([parameters]);
```

说明：

无参数时：创建具有当前日期和时间的实例。

有参数时：创建指定日期和时间的实例。

举例：

```
Var Nationday=new Date("October 1,09 1:23:25");
Var Cristmasday=new Date("2010,12,25,0,0,0");
```

2. get 方法

get 方法：获取日期和时间。

- getYear()：返回 Date 对象实例的年数
- getMonth()：返回 Date 对象实例的月号数：0 ~ 11。
- getDate()：返回 Date 对象实例的当日号数：1 ~ 31。
- getDay()：返回 Date 对象实例的星期几：0(Sunday) ~ 6。
- getHours()：返回 Date 对象实例的小时数：0 ~ 23。
- getMinutes(：返回 Date 对象实例的分钟数：0 ~ 59。
- getSeconds()：返回 Date 对象实例的秒数：0 ~ 59。
- getTime()：返回 Date 对象实例的毫秒数：从 1970 年 1 月 1 日 0 时 0 分 0 秒至实例所存储的时间所经历的毫秒数。

举例：

```
<script language="javascript">
var minutes = 1000*60
var hours = minutes*60
var days = hours*24
var years = days*365
var d = new Date()
var t = d.getTime()
var y = t/years
document.write("It's been: " + y + " years since 1970/01/01!")
</script>
```

3. set 方法

set 方法：设置日期和时间。

- setYear()：设置年。
- setDate()：设置当月号数。
- setMonth()：设置当月份数。
- setHours()：设置小时数。
- setMinites()：设置分钟数。
- setSeconds()：设置秒数。
- setTime ()：设置毫秒数。
- setTime()：可在 1970 年 1 月 1 日这个时间的基础上加上或是减去指定的毫秒数。

4. to 方法

to 方法：用于从 Date 实例中获取日期和时间的字符串值。

- toLocalString()：将日期时间值转化为本地时间值串。
- toString()：将日期时间值转化为字符串。
- toGMTString()：将日期时间值转化为 GMT 值串。

5. parse 方法

parse 方法：用于将字符串表示的日期转换为一个整数值（从起始时间计的毫秒值）。

6. UTC 方法

UTC 方法：用于将“年，月，日，时，分，秒”形式表示的数值日期转换为一个整数值（从起始时间计的毫秒值）。

举例，输出：

```
document.write("<br><br>----------    :    "+n_day.toGMTString());
document.write("<br><br>----------    :    "+Date.parse("23 Oct,2004 12:13:23"));
document.write("<br><br>----------    :    "+Date.UTC(2004,10,23,12,13,23));
```

7. 输入代码并运行

```
<html>
head><title>数字钟</title>
<style>
form { font-size:22px; }
input { font-size:24px;
color:blue;
```

```
width:180;height:40;}
</style>
<script language="JavaScript">
function aClock(){
var now=new Date();
var hour=now.getHours();
var min=now.getMinutes();
var sec=now.getSeconds();
var timeStr=" "+hour;
  timeStr+=((min<10)?":0":":")+min;
  timeStr+=((sec<10)?":0":":")+sec;
  timeStr+=(hour>=12)?" P.M.":" A.M.";
  document.clock_form.clock_text.value=timeStr;
clockId=setTimeout("aClock()",1000);
}
</script></head>
<body onLoad="aClock()">
<br><br><br>
<form name="clock_form">
  当前时间是：
<input type="text" name="clock_text" value="">
</form></body></html>
<html><head><title>变换的图像</title></head>
<script language="JavaScript">
var i=1;
function pic_change(){
var str="H:\\WEB09 上\\wyzz\\duyuan\\imag000"+i+".jpg";
document.image1.src=str;
if(i==9)
i=1;
else
i+=1;
clockId=setTimeout("pic_change()",3000);
}
</script>
<body bgcolor=#666699 onLoad="pic_change()">
```

```
<p align=center><br>
<p align=center><table border=1 cellpadding=5 cellspacing=1
bordercolor="#333333" bordercolorlight="black" bordercolordark="#ffcc00"
bgcolor="#FFFFFF">
<tr><td><image name="image1" src="H:\09\duyuan\imag0006.jpg"
width=400 heigh=400 align=center border=0 size=3 >
</td></tr></table>
</body>
</html>
```

8. 实验结果

图 6-25 实验结果

6.18 JavaScript 的 Windows 对象

6.18.1 实验目的

（1）了解 JavaScript 的 Windows 对象。

（2）了解 JavaScript 的 Windows 对象常用方法。

6.18.2 实验内容

1. Windows 对象

Windows 对象包括浏览器中的每一个窗口、每一个框架。它描述浏览器的窗口特征，是 Document，Location，History 等对象的父对象。

Window 对象的属性：

Parent：指明当前窗口或帧的父窗口。

Top：指所有下级窗口的父窗口。

Self：指当前窗口。

Windows：代表当前窗口。

注：以上 4 个属性实质是 Windows 对象的实例，因而引用时无须加对象名。

Opener：指用 open( )方法打开的新窗口的名称。

frames：是一个数组，成员为窗口内的各帧，frames 属性是通过 HTML 标识<Frames>的顺序来引用的，它包含了一个窗口中的全部帧数。

DefaultStatus：返回或者设置在浏览状态栏中显示的缺省内容。

Status ：返回或者设置将在浏览器状态栏中显示的内容。

举例，在浏览器状态栏中显示当天的日期：

```
n_day=new Date();
window.status=n_day.toString();
```

2. Window 对象常用方法

（1）Alert 方法：弹出一个警告框，警告框显示一条信息，并且有一个“确定”按钮。

用法：

```
window.alert("字符串")
```

（2）Confirm 方法：弹出一个对话框，显示一条信息，并且显示“确定”和“取消”两个按钮。它返回一个逻辑布尔量的值（单击“确定”返回：ture，单击“取消”返回：false）。

用法：

```
window.confirm(“字符串”)
```

举例：

```
<script language="javascript">
function check(){
if(document.f1.t1.value=="")
alert("账号不能为空!");
else
if(document.f1.t2.value=="")
alert("密码不能为空!");
else
if(confirm("你确信要提交吗？"))
  document.f1.b1.value="你提交了！";
else
  document.f1.b1.value="你放弃了！";
}
</script>
```

（3）Prompt 方法：弹出一个信息框，显示一条信息，并且有一个文本输入框、一个“确定”按钮和一个“取消”按钮。点击“确定”按钮：文本框中输入的内容被返回，可被脚本程序使用。点击“取消”按钮：将不执行任何操作。

Prompt 方法的两个参数：

“字符串 1”：是要在对话框中显示的信息。

“字符串 2”：是文本输入框内默认显示的内容。

方法：

```
window.prompt("字符串 1","字符串 2")
```

举例：

```
Str=window.prompt("输入姓名!","")
```

举例：

```
<SCRIPT LANGUAGE=javascript>
var str;
str = prompt ("请您输入一个值,如 3.14" , "");
if ( isNaN ( str ) ){
      document.write("不对,请输入数值类型数据!!!");}
else
 {document.write("您已输入正确!!!");}
</SCRIPT>
```

（4）Open()方法：建立一个新的窗口，它有若干参数，返回新窗口指针。

方法：

```
window.open("载入的页面","窗口名","窗口属性")
```

举例：

```
window.open("h2.htm","kkk","toolbar=no location=no")
```

（5）Close()方法：这种用来关闭一个窗口。

（6）SetTimeout()方法：用来设置一个计时器，该计时器以毫秒为单位，当所设置的时间到时，会自动调用一个函数。

```
<SCRIPT LANGUAGE = JavaScript>
var flag;
interval=1000;
function change()   {
var today = new Date();
      text1.value = today.getHours() + ":" + today.getMinutes() + ":" + today.getSeconds();
imerID=window.setTimeout("change()",interval);   }
</SCRIPT>
clearTimeout(timeId)    //清除指定的超时设置
function cle(   )
{clearTimeout(imerID);}
```

3. **输入代码并运行**

（1）输入以下代码：

```
<HTML>
<HEAD><TITLE>This is a test</TITLE>
<SCRIPT LANGUAGE="JavaScript">
function change()   {
var today = new Date();
//window.defaultStatus=today.getHours() + ":" + today.getMinutes() + ":" oday.getSeconds();
document.f1.t1.value=today.getHours() + ":" + today.getMinutes() + ":" + oday.getSeconds();
imerID=window.setTimeout("change()",1000);   }
</SCRIPT>
</HEAD>
<BODY onload="change()">
<form name="f1">
<p align=center>
<input type=button value="clock stop" onClick="clearTimeout(imerID)"><palign=center>
```

```
<input type=button value="clock start" onClick="change()">
<p align=center><input type=text    name="t1" value=>
</form>
</BODY>
</HTML>
```

（2）输入以下代码：

```
<html>
<head><title>open 方法</title>
</head>
<body>
<br><br><br>
<script language="JavaScript">
nw=open
("try2.htm","newwindow","width=300,height=300,toolbar=1,status=1");
function getf()
{nw.focus();}
</script>
<form name="f1" >
<input type=button name="button1" value="submit1" onClick="nw.focus()"
onDbClick="nw.blur()">
<input type=button name="button2" value="close" onClick="nw.close()">
<p >
</form>
</body>
</html>
```

4. **实验结果**

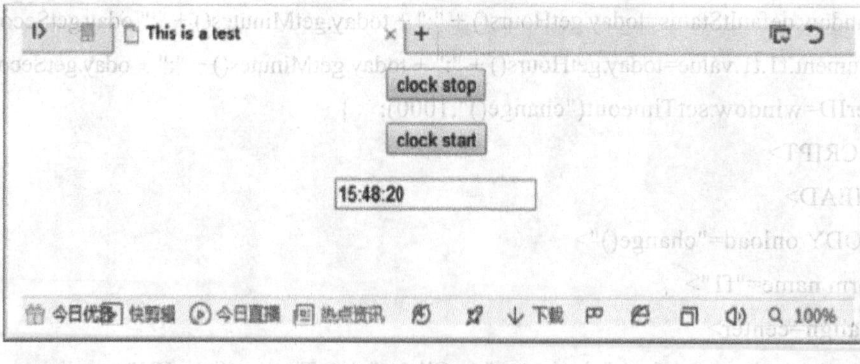

图 6-26　实验结果 1

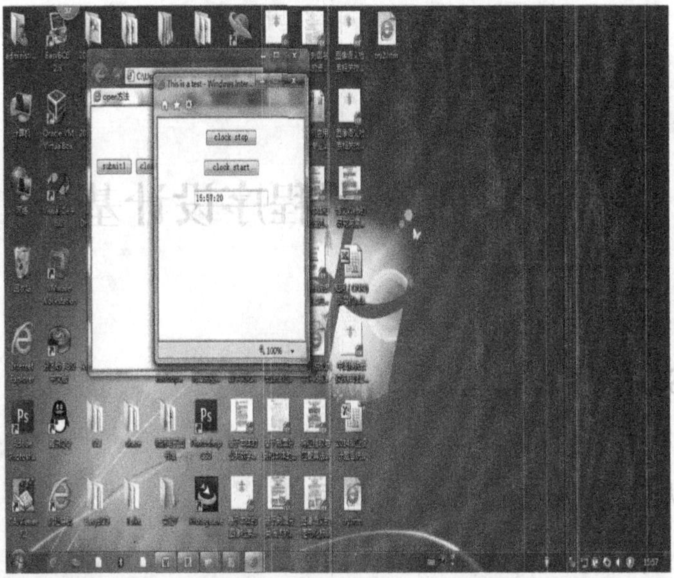

图 6-27　实验结果 2

第7章 服务器程序设计基础

7.1 ASP 程序设计基础

7.1.1 认识静态网页与动态网页

当用户浏览器通过互联网的 HTTP（Hypertext Transport Protocol）协议向 Web 服务器请求提供网页内容时，服务器仅仅是将原已设计好的静态 HTML 文档传送给用户浏览器。其页面内容使用的仅仅是标准的 HTML 代码，最多再加上流行的 GIF89A 格式的动态图片，如产生几只小狗、小猫跑来跑去的动画效果。若网站维护者要更新网页的内容，就必须手动更新其所有的 HTML 文档。

静态网页的致命弱点就是不易维护，为了不断更新网页内容，必须不断地重复制作 HTML 文档，随着网站内容和信息量的日益扩增，工作量会大得出乎想象。

动态网页是一种在 HTML 代码中加入了脚本程序语言的网页文件，常用的动态网页设计语言包括 ASP（Active Server Pages）、PHP（Person Home Page）、JSP（Java Server Pages）和 ASP.NET 等。

ASP 采用 VBScript 和 JScript 脚本语言，将标准的 HTML 页面、脚本语言及 ActiveX 组件结合在一起，设计动态、交互式的网页效果。对于一般的网页设计者来说，ASP 是一种最容易掌握的动态网页编程语言。

下面是一个典型的.asp 文件，在文件中使用两种脚本语言：

```
<html>
<head><title>设置脚本语言 1</title></head>
<body>
< % response.write("Hello World!") %>
</body>
</html>
```

7.1.2　安装与配置 IIS

1. 安　装

IIS（Internet Information Server）是微软公司主推的 Web 服务器。它是目前使用比较广泛、支持 ASP，ASP.NET 程序的 Web 服务器。

方法（Windows7）："控制面板"→"程序"→"打开或关闭 windows 功能"→"Internet 信息服务" → "Web 管理工具"，如图 7-1 所示。

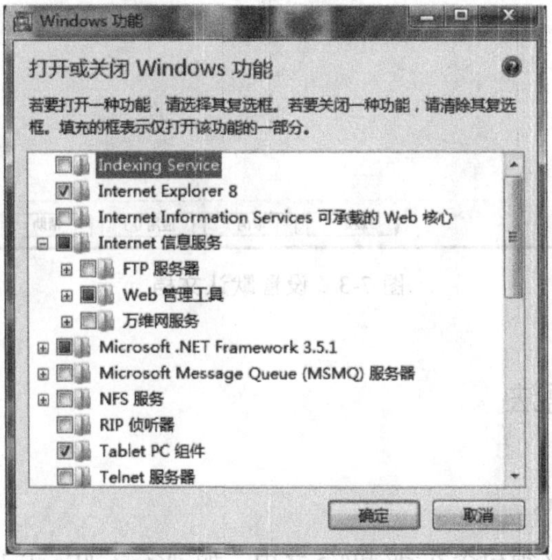

图 7-1　"Web 管理工具"

2. 配置 IIS

（1）设置虚拟目录为：webapp，如图 7-2 所示。

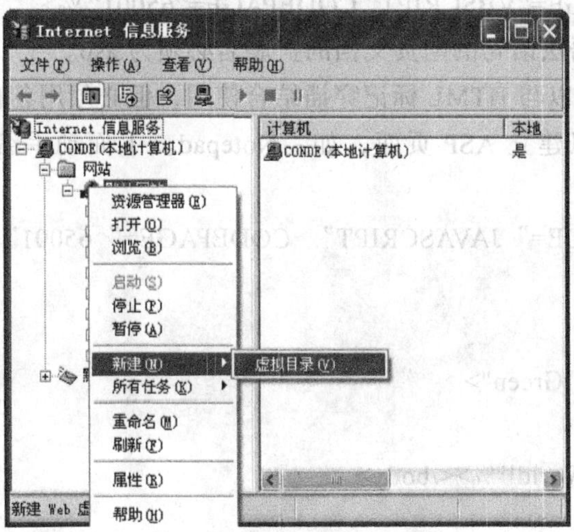

图 7-2　设置虚拟目录

（2）设置 Web 服务器主目录和启用默认网页文档，如图 7-3 所示。

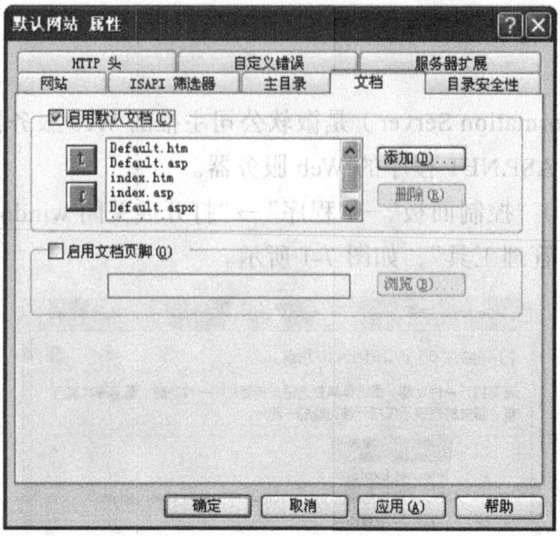

图 7-3　设置默认文档

7.1.3　ASP 语法

1. ASP 文件特点

（1）ASP 命令都必须包含在<%和%>之内，如<%test="English" %>。ASP 通过包含在<%和%>中的表达式将执行结果输出到客户浏览器，用<% %>标记界定的语句可以是一行，也可以是多行。

（2）说明使用哪一种脚本语言编写的.asp 文档：

```
<% @LANGUAGE="VBSCRIPT" CODEPAGE="65001" %>
```

（3）含有 ASP 语法语句的网页文档的扩展名必须为.asp。

（4）ASP 语句可以与 HTML 标记穿插结合使用，但必须用各自界定符隔开。

文本编辑器可以建立 ASP 页面，如：Notepad。下面动手编写第一个 ASP 程序 hello.asp。

```
<% @LANGUAGE=" JAVASCRIPT"  CODEPAGE=" 65001"  %>
<html>
<body>
<FONTCOLOR="Green">
<%= date()  %>
<%= "   Hello World!"%></body>
</html>
```

将 hello.asp 保存在 Web 服务器的虚拟目录（如：webapp/）下，并在浏览器中用 HTTP 的方式进行浏览，如 http://127.0.0.1/webapp/hello.asp。

2. 程序结构语句

（1）顺序结构。

```
<html>
<head><title>设置脚本语言 1</title></head>
<body>
<% response.write("今天是：") %>
<% response.write(year(date())&"年"&month(date())&"月"&day(date())&"日    ") %>
<% response.write(hour(time())&"点"&minute(time())&"分") %>
</body>
</html>
```

运行结果如图 7-4 所示。

图 7-4　运行结果

（2）选择结构。

语法形式：

```
if 条件  then
语句
end if
```

或

```
If 条件  then
语句
else
语句
end if
```

例：根据不同时候显示问候语。

```
<html>
<head><title>if 语句</title></head>
<body>
<%
if (hour(time())>=6 and hour(time())<12) then
```

```
  response.write("早上好!")
else
  if (hour(time())>=12 and hour(time())<14) then
      response.write("中午好！")
  else
      if (hour(time())>=14 and hour(time())<18) then
        response.write("下午好")
       else
        response.write("晚上好!")
      end if
  end if
end if
%>
</body>
</html>
```

（3）循环结构。

语法形式：

```
do while 条件
语句
loop
```

或

```
while 条件
语句
wend
```

或

```
for 变量=初始值 to 终值 step 值
语句
next
```

例：九九乘法表。

```
<html>
<head><title>循环语句</title></head>
<body>
<%
i=1
j=1
 do while i<=9
```

```
        do while j<=i
         response.write(i&" * "&j&"="&i*j&"   ")
         j=j+1
        Loop
        j=1
        i=i+1
        response.write("<br>")
    loop
    %>
    </body>
    </html>
```

运行结果如图 7-5 所示。

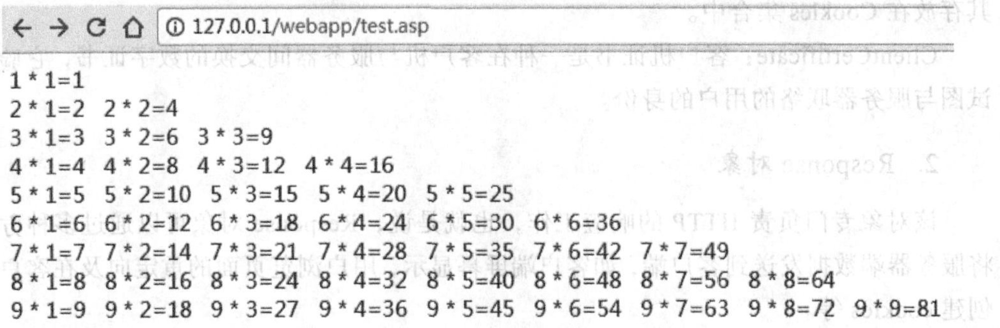

127.0.0.1/webapp/test.asp
1 * 1=1
2 * 1=2 2 * 2=4
3 * 1=3 3 * 2=6 3 * 3=9
4 * 1=4 4 * 2=8 4 * 3=12 4 * 4=16
5 * 1=5 5 * 2=10 5 * 3=15 5 * 4=20 5 * 5=25
6 * 1=6 6 * 2=12 6 * 3=18 6 * 4=24 6 * 5=30 6 * 6=36
7 * 1=7 7 * 2=14 7 * 3=21 7 * 4=28 7 * 5=35 7 * 6=42 7 * 7=49
8 * 1=8 8 * 2=16 8 * 3=24 8 * 4=32 8 * 5=40 8 * 6=48 8 * 7=56 8 * 8=64
9 * 1=9 9 * 2=18 9 * 3=27 9 * 4=36 9 * 5=45 9 * 6=54 9 * 7=63 9 * 8=72 9 * 9=81

图 7-5　运行结果

其他结构作为学生课后练习。

7.2　ASP 内置对象

7.2.1　ASP 内置对象基础

在 ASP 引擎中提供了六大内置对象，即 Request 对象、Response 对象、Application 对象、Server 对象、Session 对象和 ObjectContext 对象，其中最为常用的是前 5 种。

1. Request 对象

该对象是 ASP 的请示对象，它所包含的信息是客户端浏览器提出的请求。利用 Request 对象可以接收用户基于 HTTP 请求的所有信息，这包括通过 Post 方法或 Get 方法、cookies 及客户端证书从 HTML 表单传递的参数。通过 Request 对象也可以访问发送到服务器的二进制数据，如文件上载。

语法结构：

```
Request.Collection("member")
```

此格式用来访问 Request 对象的所有成员。

Request 对象的集合：

QueryString：在发送一个请求时，客户机可在 URL 内文件名中包含信息的名/值对。此集合存储 URL 中提供的任何值。

Form：如果客户机发送一个 From 请求，且设置 method 属性为 post，则表单元素的值被存储在此集合中。

ServerVariables：Web 服务器自身存储了大量有关此请求的信息，包含在 HTTP 服务器变量中。这些信息可作为一个集合使用。

Cookies：如果客户机正从服务器接收 cookie，它发送信息到服务器，而服务器将其存放在 Cookies 集合中。

ClientCertificate：客户机证书是一种在客户机与服务器间交换的数字证书，它验证试图与服务器联络的用户的身份。

2. Response 对象

该对象专门负责 HTTP 的响应工作，也就是说，Response 对象可以通过多种方式将服务器端数据发送到客户端，如客户端屏幕显示，用户浏览页面的重定向及在客户端创建 cookies 等。

语法结构：

```
Response.collection|property|method
```

（1）Response 对象的 Write 方法。

用于把信息从服务器端发送给客户端，语法：

```
Response.Write (变量数据或字符串)或<%=变量数据或字符串>
```

（2）Response 的 Redirect 方法。

使浏览器立即重定向到程序指定的 URL，语法：

```
Response.Redirect (URL)
```

3. Session 对象

Session 对象是 ASP 技术中实现用户会话管理的手段，主要用来存储特定用户会话所需的信息。当用户在应用程序的 Web 页面之间跳转时，存储在 Session 对象中的变量不会丢失，而且在整个用户会话中会一直存在下去。Session 对象常用来存储用户的首选项，也经常被用来保存用户的身份标记，实现用户的身份认证和用户权限管理。

（1）变量的定义：

```
Session("变量名")=表达式
```

（2）信息读取：通过给定的变量名读取指定变量的值。

```
<%=Session(“变量名”)%>
```

（3）清除 Session 对象：

```
Session.Abandon
```

当用户应用结束时，应当清除 Session 对象，否则会泄露用户秘密。

（4）Timeout 属性：用于定义客户 Session 对象的使用期限，单位为分钟（min）。

```
<%Session.Timeout=7%>
```

4. Application 对象

Application 对象可以控制服务器端应用程序的启动和终止状态，并保存整个应用程序过程中的信息。它将虚拟目录及其子目录也看成一个应用程序，用来在给定的应用程序的所有用户之间共享信息。它在很多方面与 Session 对象很相似，但是在本质上有着很大区别。例如，对于同一个页面，不同的访问者可以创建不同的 Session，而 Application 的值却是固定不变的，只被创建一次。在 ASP 中，多个用户可以共享 Application 对象，因此必须用 lock 和 unlock 方法来确保多个用户不能同时改变 Application 对象。

5. Server 对象

Server 对象是 ASP 六大内置对象之中与服务器关系最为密切的一个对象，它允许用户存取 Web 服务器提供的功能。Server 对象使用其方法和属性来访问 Web 服务器，大多数方法和属性是作为实用程序的功能服务的。使用 Server 对象，可以在服务器上启动 ActiveX 组件，可以创建各种 Server 对象的实例以简化用户的操作。

6. ObjectContext 对象

ObjectContext 对象是微软在 IIS4.0 中最新提供的对象，它主要用来处理与事务相关的问题。与 ASP 的其他对象有所不同，ObjectContext 对象没有属性和集合，只有方法和事件。

7.2.2　ASP 内置对象案例

例：用户登录功能（暂时不连接数据库进行验证）包含登录页面 yhdl.asp 和登录验证 dlyz.asp 两个页面（用于显示是否登录成功信息）。

文档 yhdl.asp 的代码如下：

```
<html>
<head><title>用户登录</title></head>
<body>
<form action="dlyz.asp" method=post>
```

```
<center><table border="0" width="200px" height="250px">
<tr ><td colspan="2" height="25px" align=center>用户登录</td></tr>
<tr>
<td height="25px" >用户名：</td>
<td><input type="text" name="yhm"></td>

</tr>
<tr>
<td height="25px">密 码:</td>
<td><input type="password" name="yhmima"></td>
</tr>
<tr ><td colspan="2" height="25px" align=center><button type="submit"
value="submit">提交</button><button type="reset"    >重置</button></td></tr>
</table></center>
</form>
</body>
</html>
```

文档 dlyz.asp 代码及效果：

```
<html>
<head><title>登录验证</title></head>
<body>
<%yhname=request.form("yhm")
  yhmm=request.form("yhmima")
  if yhname=="user" and yhmm=="123456" then
            response.write("用户名及密码正确，登录成功!")
      else
             response.write("用户名及密码错误，登录失败!")


  end if

%>
</body>
</html>
```

用户登录界面如图 7-6 所示。

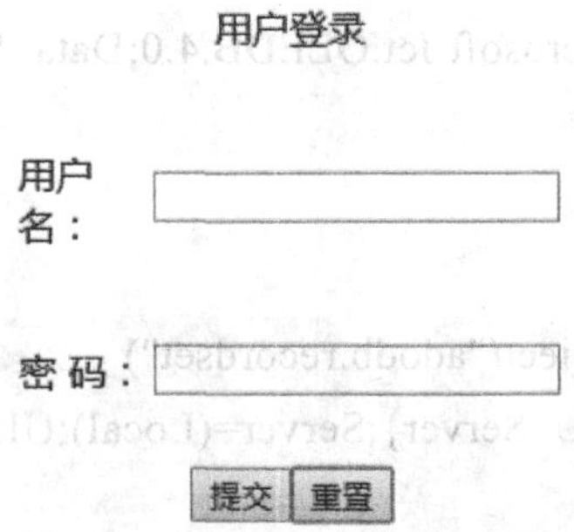

图 7-6　登录页面

输入用户名“user”和密码“123456”登录后验证界面如图 7-7 所示。

图 7-7　验证界面

7.3　ASP 数据库处理

7.3.1　ASP 数据库处理基础

在使用 ASP 建立网站时，常常需要用数据库记录一些信息，如管理网站的用户名及密码等。此时就需要用到 ASP 连接数据库的代码连接数据库后便于进行数据添加、删除等操作。

在 ASP 中，用来存取数据库的对象都称为 ADO（Active Date Objects），主要包含三种对象：Connection、Recordset、Command。Connection 负责打开或连接数据库；Recordset 负责存取数据表；Command 负责对数据库执行动查询。

ASP 常用数据库连接方法：

（1）ASP 连接 Access 数据库。

Access 数据库的 DSN-less 连接方法：

```
set adocon=Server.Createobject("adodb.connection")
adoconn.Open"Driver={Microsoft Access Driver(*.mdb)}; uid=admin;pwd=数据库密码;DBQ="&Server.MapPath("数据库所在路径")
```

.Access OLE DB 连接方法：

```
set adocon=Server.Createobject("adodb.connection")
```

```
adocon.open"Provider=Microsoft.Jet.OLEDB.4.0;Data Source=" & Server.MapPath("数据库所在路径")
```

（2）SQL server 连接方法。

DSN-less 连接方法：

```
set adocon=server.createobject("adodb.recordset")
adocon.Open"Driver={SQL Server};Server=(Local);UID=***;PWD=***;database=数据库名;"
```

SQL server OLE DB 连接方法：

```
set adocon=Server.Createobject("adodb.connection")
adocon.open"provider=SQLOLEDB.1;Data Source=RITANT4;user ID=***;Password=***;
inital Catalog=数据库名"
```

（3）mySQL 连接方法。

```
set adocon=Server.Createobject("adodb.connection")
adocon.open"Driver={mysql};database=数据库名;uid=username;pwd=password; option=16386;"
```

（4）文本文件连接方法。

MS text 连接方法：

```
set adocon=Server.Createobject("adodb.connection")
adocon.open"Driver={microsoft text driver(*.txt; *.csv)};dbq=-----;extensions=asc,csv,tab,txt;Persist SecurityInfo=false;"
```

MS text OLE DB 连接方法：

```
set adocon=Server.Createobject("adodb.connection")
adocon.open"Provider=microsof.jet.oledb.4.0;data source=your_path;Extended Properties'text;FMT=Delimited'"
```

下面举例连接 Access 数据库 database1.mdb（database1 数据库中有 user 表），代码如下：

```
set adocon=Server.Createobject("adodb.connection")
adocon.open"Provider=Microsoft.Jet.OLEDB.4.0;Data Source="&_
Server.MapPath("webapp.mdb")
response.write(adocon.state)
adocon.close()
```

7.3.2 数据的增删改查询

（1）建立查询记录集对象：

```
Set rs=server.createobject("adodb.recordset")
```

```
rs.open SQL 语句,conn,3,2
```

（2）用 Recordset 对象的 Addnew 插入数据的方法：

```
rs.addnew
rs("field1").value=value1
rs("field2").value=value2
...
rs.update
```

（3）Recordset 对象的 Update 方法：

```
rs("field1").value=value1
rs("field2").value=value2
...
rs.update
```

注意：一定要注意字段的类型（尤其是日期型）一致，否则出错的概率非常高。

示例：

```
strno=request.form("bookno")
strau=request.form("author")
set adocon=server.createobject("adodb.connection")
adocon.open  "Driver={Microsoft  Access  Driver(*.mdb)};DBQ="&Server.Mappath=
("/cancer/cancer.mdb")
strsql="select * from book where bookno='"&strno&"'"
set rs=server.createobject("adodb.recordset")
rs.open strsql,adconn,1,3
if not rs.eof then    //如果有此记录的话
rs("author").value=strau
rs.update
end if
rs.close
set rs=nothing
adocon.close
set adocon=nothing
```

（4）删除一条记录(Delete)：

```
Delete table where field=value
```

例子：删除 book 表中作者是 cancer 的记录。

```
delete book where author='cancer'
```

例：在 database1.mdb 数据库中有 user（id，yhm，mima,user_type,bz）表，请使用 ASP 程序对 user 表进行增加、删除、修改和显示。本例包括显示数据页面 user_list.asp、

增加数据页面 user_add.asp、修改数据页面 user_update.asp、删除数据页面，共 4 个页面，效果及数据连接代码如下：

显示数据页面 user_list.asp：

```
set adocon=Server.Createobject("adodb.connection")
    adocon.open"Provider=Microsoft.Jet.OLEDB.4.0;Data
Source="&Server.MapPath("webapp.mdb")
    if adocon.state=1 then
    set rs=Server.CreateObject("ADODB.recordset")
     if delete_id<>"" then
          rs.open "delete from [user] where id="&delete_id,adocon,3,2
     end if
     rs.open "select * from [user] ",adocon,3,2
    %>
欢迎<%=session("user")%>登录成功！ <a href="quit.asp">退出</a>
<br>
<table border=1 width=500px>
<caption>用户信息表</caption>
<tr  align=center><td  height=25px>用户名</td><td>密码</td><td>用户类型</td>
<td>备注</td><td>操作</td></tr>
<%
    while not rs.eof
          response.write("<tr>")
          response.write("<td>"&rs("yhm")&"</td>")
          response.write("<td>保密！ </td>")
          response.write("<td>"&rs("user_type")&" </td>")
          response.write("<td>"&rs("bz")&" </td>")
          response.write("<td><a  href='user_add.asp'>添加</a> <a  href='user_list.
asp?id="&rs("id")&"'>删除</a> <a  href='user_update.asp?id="&rs("ID")&"'>修改
</a> </td>")
           response.write("</tr>")
          rs.movenext
    wend
    rs.close()
end if
adocon.close()
```

增加数据页面 user_add.asp：

```
    set adocon=Server.Createobject("adodb.connection")
        adocon.open"Provider=Microsoft.Jet.OLEDB.4.0;Data 
Source="&Server.MapPath("webapp.mdb")
        if adocon.state=1 then
            set rs=Server.CreateObject("ADODB.recordset")
            rs.open "select * from [user] ",adocon,3,2
            rs.addnew
            rs("yhm").value=request.form("yhm")
            rs("mima").value=request.form("yhmima")
            rs("user_type").value=request.form("yhtype")
            rs("bz").value=request.form("yhbz")
            rs.update
            rs.close()
        end if
```

修改数据页面 user_update.asp：

```
    set adocon=Server.Createobject("adodb.connection")
        adocon.open"Provider=Microsoft.Jet.OLEDB.4.0;Data 
Source="&Server.MapPath("webapp.mdb")
        if adocon.state=1 then
            set rs=Server.CreateObject("ADODB.recordset")
            rs.open "select * from [user] where id="&id,adocon,3,2
    if update_id=1 then
            if request.form("yhmima")=request.form("qryhmima") and request.form("yhmima")
<>"" and request.form("qryhmima")<>"" and qr="" and request.form("yhmima")<>"密码不
一致!或不能为空!" then
                rs("yhm").value=request.form("yhm")
                rs("mima").value=request.form("yhmima")
                rs("user_type").value=request.form("yhtype")
                rs("bz").value=request.form("yhbz")
                rs.update
                response.redirect("user_list.asp")
            else
                qr="密码不一致!或不能为空!"
        end if
        end if
    end if
```

删除数据页面：

```
set adocon=Server.Createobject("adodb.connection")
    adocon.open"Provider=Microsoft.Jet.OLEDB.4.0;Data
Source="&Server.MapPath("webapp.mdb")
     set rs=Server.CreateObject("ADODB.recordset")
     rs.open "delete from [user] where id="&delete_id,adocon,3,2
```

第 8 章　ASP 程序设计实验

8.1　测试并搭建 ASP 程序运行环境

8.1.1　实验目的

（1）了解 IIS 对 ASP 程序网页的作用。

（2）掌握 IIS 运行环境搭建、基本服务功能的设置。

（3）测试 IIS 搭建是否成功。

8.1.2　实验内容

本实验是基于 windows7 环境平台完成 IIS 信息服务的搭建，操作如下：

（1）打开“控制面板”→“程序”→“打开或关闭 windows 功能”，如图 8-1 所示。

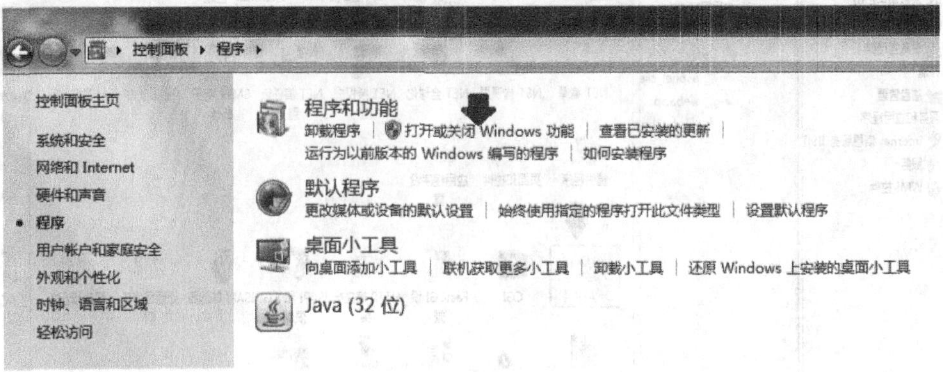

图 8-1　“打开或关闭 Windows 功能”

（2）在 windows 功能窗口中，找到“Internet 信息服务”项，分别选择“Web 管理工具”“万维网服务”“应用程序开发功能”和“Microsoft.NET Framework 3.5.1”，点击“确定”，如图 8-2 所示。

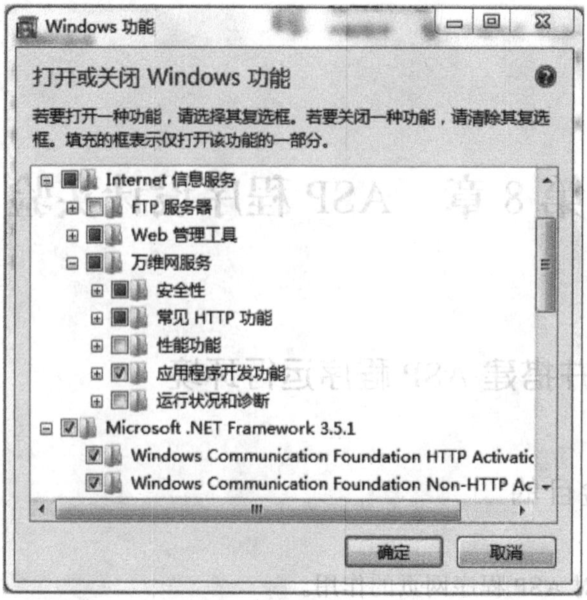

图 8-2 “Windows 功能” 窗口

（3）打开 IIS 信息服务“计算机”（右键）→“管理”→“服务和运用程序”→“IIS 信息服务（IIS）管理器”，选择服务器节点，查看 IIS 项目中是否包含 ASP 程序功能，如图 8-3 所示。

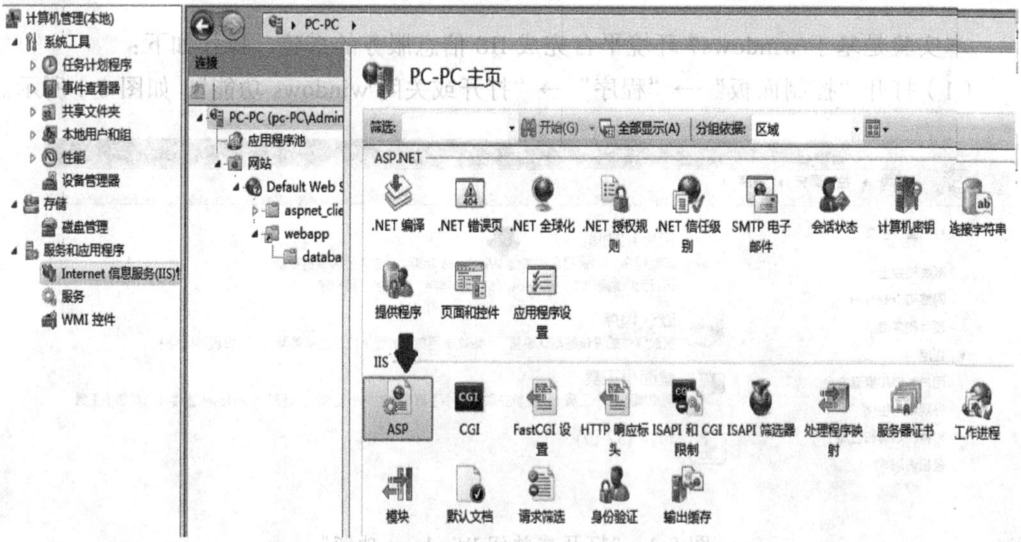

图 8-3 ASP 程序功能

（4）设置 ASP 服务选项启用父路径和允许将错误信息发到客户端显示，如图 8-4 所示。

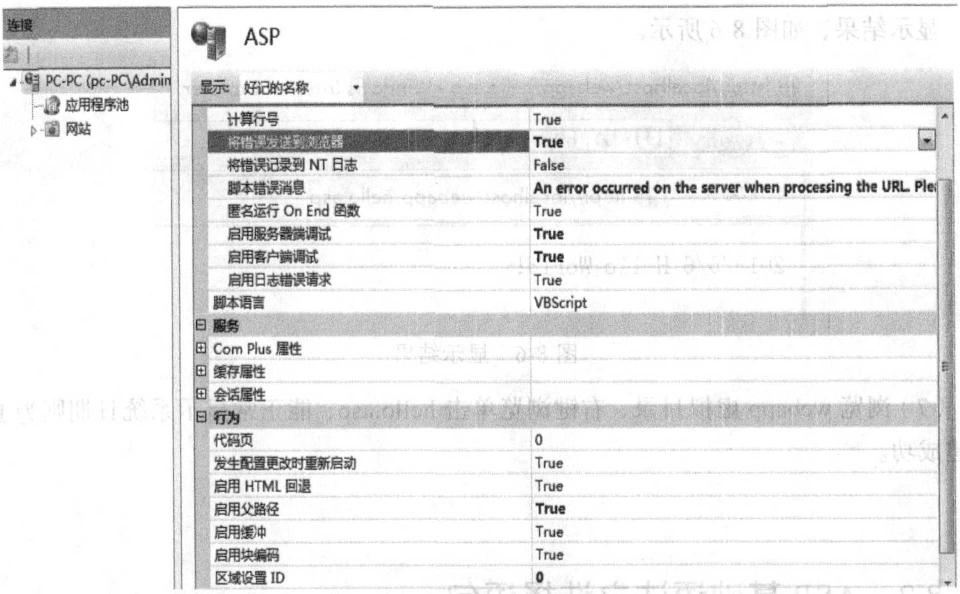

图 8-4　设计 ASP 服务选项

（5）创建虚拟目录 webapp 并设置映射路径 D:\webapp，如图 8-5 所示。

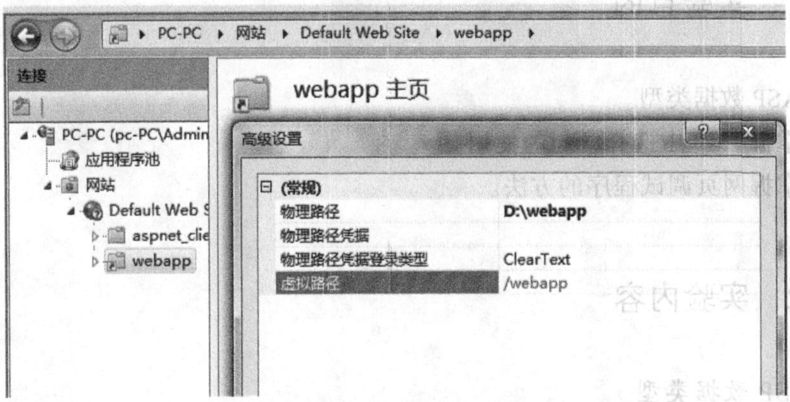

图 8-5　创建虚拟目录

（6）测试 ASP 服务是否搭建成功，建立 hello.asp 程序，代码如下：

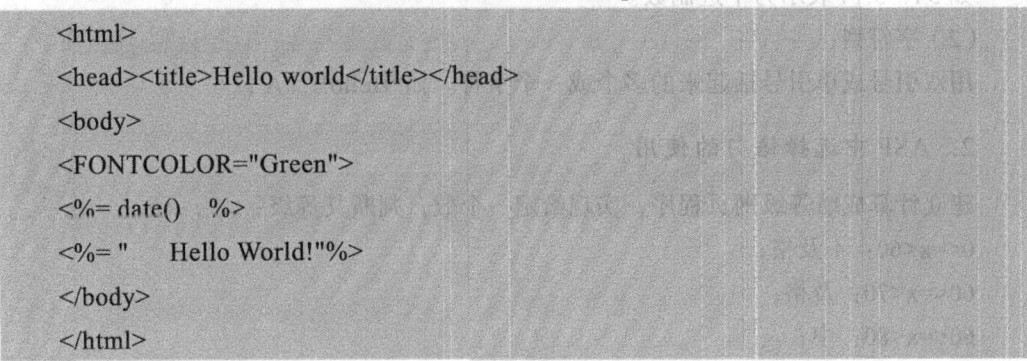

```
<html>
<head><title>Hello world</title></head>
<body>
<FONTCOLOR="Green">
<%= date()   %>
<%= "     Hello World!"%>
</body>
</html>
```

显示结果，如图 8-6 所示。

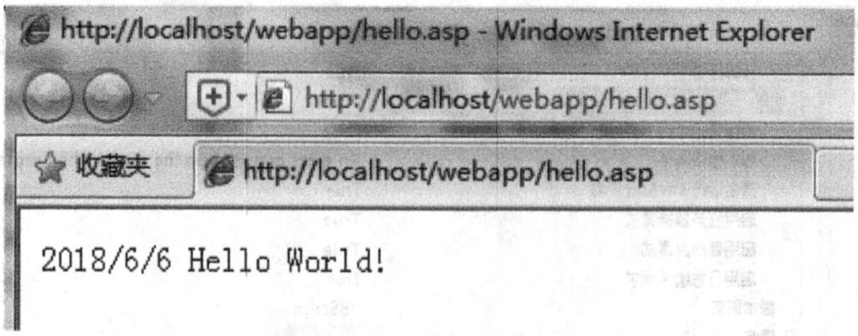

图 8-6　显示结果

（7）浏览 webapp 虚拟目录，右键浏览单击 hello.asp，能正常显示系统日期则为 IIS 搭建成功。

8.2　ASP 基础语法之选择语句

8.2.1　实验目的

（1）ASP 数据类型。
（2）掌握 ASP 中选择语句的使用。
（3）掌握网页调试程序的方法。

8.2.2　实验内容

1. ASP 数据类型

（1）数值型：
如 34，3.14 表示为十进制数。
（2）字符型：
用双引号或单引号括起来的多个或一个字符。如“Hello!”, ‘A’;

2. ASP 中选择语句的使用

建立计算成绩等级网页程序，实现给定一个数，判断其等级：
0<=x<60：不及格；
60<=x<70：及格；
60<=x<80：中；

80<=x<90：良；

90<=x<100：优。

具体代码如下：

```
<html>
<head><title>计算成绩等级</title></head>
<body>
<% x=60
    if x<80 then
        if x<60 then
          response.write("成绩等级为:不及格!")
        else
          if x<70 then
            response.write("成绩等级为:及格!")
          else
          response.write("成绩等级为:中!")
          end if
        end if
    else
            if x<90 then
          response.write("成绩等级为:良!")
        else
          response.write("成绩等级为:优!")
          end if
    end if

%>
</body>
</html>
```

8.3 ASP 基础语法之循环

8.3.1 实验目的

（1）了解 ASP 数据类型。

（2）掌握 ASP 中选择语句、循环语句的使用。
（3）掌握网页调试程序的方法。

8.3.2 实验内容

1. ASP 数据类型

（1）数值型：
如 34，3.14 表示为十进制数。
（2）字符型：
用双引号或单引号括起来的多个或一个字符。如“Hello!”，‘A’。

2. ASP 中选择语句、循环语句的使用

建立求 100 以内的素数的 ss100.asp 网页程序，代码如下：

```
<html>
<head><title>求素数</title></head>
<body>
<% i=3
   while i<100
         flag=1
         for j=2 to i-1 step 1

              if (i mod j) =0 then
                  flag=0
              end if
              if flag=0   then
                  exit for
              end if
         next
         if flag=1 then
              response.write("第"&i&"轮素数是"&i&"<br>")
         end if
         i=i+1
   wend
%>
</body>
```

```
</html>
```

运行结果如图 8-7 所示。

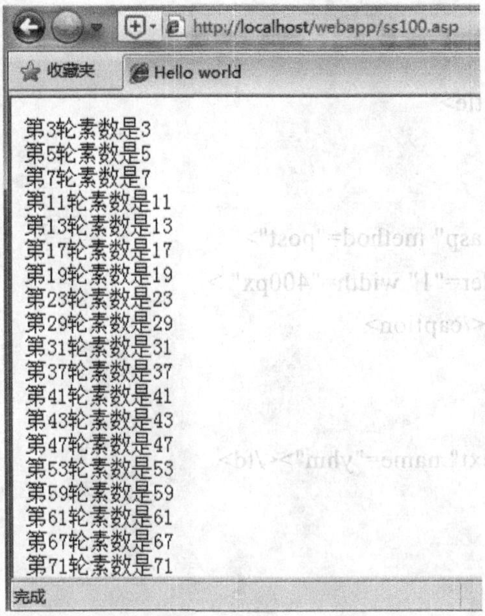

图 8-7　运行结果

8.4　ASP 内置对象 request、response

8.4.1　实验目的

（1）了解 ASP 内置对象 Request、Response 的获取信息、反馈信息方式。

（2）重点掌握 ASP 内置对象中 Request、Response 的运用。

（3）掌握 ASP 发送信息到服务器，从服务器传递信息到浏览器的方法。

（4）掌握网页调试程序的方法。

8.4.2　实验内容

请设计一个用户登录网页，能实现获取登录的用户名、密码信息。网页包括用户登录 dl.asp、登录反馈信息 dl_yz.asp，代码及效果如下：

注意：windows 7 下要执行：cscript c:\inetpub\adminscripts\adsutil.vbs set w3svc/apppools/enable32bitapponwin64 1。

（1）用户登录 dl.asp：

```
<html>
<head>

<title>用户登录</title>
</head>
<body>
<form action="dlyz.asp" method="post">
<center><table border="1" width="400px" >
<caption>用户登录</caption>
<tr>
<td>用户名：</td>
<td><input type="text" name="yhm"></td>

</tr>
<tr>
<td>密 码：</td>
<td><input type="password" name="yhmima"></td>
</tr>
<tr ><td colspan="2"><button type="submit">提交</button><button type="reset">重置</button></td></tr>
</table></center>
</form>
</body>
</html>
```

用户登录界面如图 8-8 所示。

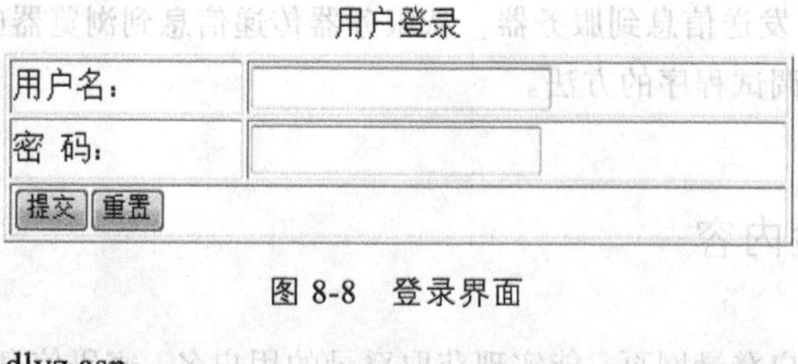

图 8-8　登录界面

（2）登录验证 dlyz.asp：

```
<html>
<head><title>登录验证</title></head>
<body>
```

```
<%yhname=request.form("yhm")
  yhmm=request.form("yhmima")
  response.write("你输入的用户名:"+yhname+"和密码是："+yhmm)

%>
</body>
</html>
```

8.5　ASP 内置对象 Session

8.5.1　实验目的

（1）了解 ASP 内置对象 Session 的使用。

（2）重点掌握 ASP 内置对象中 Request、Response、Session 的运用。

（3）掌握 ASP 中 Session 存储个人会话信息的方法。

（4）掌握网页调试程序的方法。

8.5.2　实验内容

请设计一个用户登录网页，能实现有权限登录和存储个人会话信息的功能。网页包括用户登录 user_dl.asp、登录验证 dlyz.asp、显示会话信息 list_dl.asp。代码及效果如下：

注意：windows 7 下要执行：cscript c:\inetpub\adminscripts\adsutil.vbs set w3svc/apppools/enable32bitapponwin64 1。

（1）用户登录 user_dl.asp：

```
<%session("user")=""%>  //定义 Session 对象
<html>
<head>

<title>用户登录</title>
</head>
<body>
<form action="dlyz.asp" method="post">
<center><table border="1" width="400px" >
```

```
<caption>用户登录</caption>
<tr>
<td>用户名：</td>
<td><input type="text" name="yhm"></td>

</tr>
<tr>
<td>密 码：</td>
<td><input type="password" name="yhmima"></td>
</tr>
<tr ><td colspan="2"><button type="submit">提交</button><button type="reset">重置</button></td></tr>
</table></center>
</form>
</body>
</html>
```

用户登录界面如图 8-9 所示。

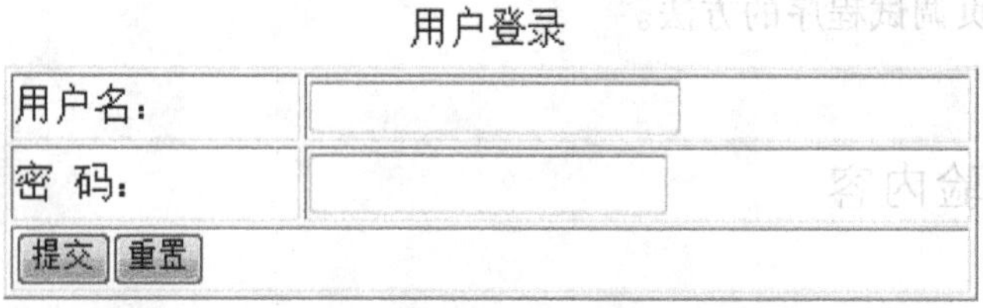

图 8-9 登录界面

（2）登录验证 dlyz.asp：

```
<html>
<head><title>登录验证</title></head>
<body>
<%yhname=request.form("yhm")
  yhmm=request.form("yhmima")
  session("user")=yhname   //存储个人会话信息。
response.redirect("list_dl.asp")
 %>
</body>
</html>
```

（3）显示 Session 的会话信息 list_dl.asp：

```
<html>
<head><title>显示 Session 的会话信息</title></head>
<body>
<% if session("user")<>"" then
  response.write("Session 的会话信息:"+session("user"))
   else
     response.redirect("user_dl.asp")
end if
 %>
</body>
</html>
```

显示 Session 的会话信息如图 8-10 所示。

图 8-10　显示 Session 的会话信息效果

8.6　ASP 内置对象 Application

8.6.1　实验目的

（1）了解 ASP 内置对象 Application 的使用。

（2）重点掌握 ASP 内置对象中 Request、Response、Application 的运用。

（3）掌握 Aspapplication 在全局对象中的作用。

（4）掌握网页调试程序的方法。

8.6.2　实验内容

请设计一个显示访问网站计数器的网页 counter.asp，代码及效果如下：

注意：windows 7 下要执行：cscript c:\inetpub\adminscripts\adsutil.vbs set w3svc/apppools/enable32bitapponwin64 1。

网页 counter.asp：

```
<%
CountFile=Server.MapPath("txtcounter.txt")
Set FileObject=Server.CreateObject("Scripting.FileSystemObject")
Set Out=FileObject.OpenTextFile(CountFile,1,FALSE,FALSE)
 If Out.AtEndOfStream Then
     Application("Counter")=0 '如果文件中没有数据，则初始化 Application("Counter")
的值（为了容错）
   else
     Application("Counter")=Out.readline
   end if
Out.Close
SET FileObject=Server.CreateObject("Scripting.FileSystemObject")
Set Out=FileObject.CreateTextFile(CountFile,TRUE,FALSE)
Application.lock
Application("Counter")= Application("Counter") + 1
Out.WriteLine(Application("Counter"))
Application.unlock
Response.Write("<font size=45>你是第"&Application("Counter")&"位访问者</font>")
Out.Close
%>
```

8.7 ASP 数据库连接

8.7.1 实验目的

（1）了解 ASP 数据库连接的使用。
（2）重点掌握 ASP 数据对象中 Server.Createobject、打开数据库、关闭数据库的运用。
（3）掌握网页调试程序的方法。

8.7.2 实验内容

请设计一个网页，能实现网页连接数据库 webapp.mdb，代码及效果如下：

注意：windows 7 下要执行：cscript c:\inetpub\adminscripts\adsutil.vbs set w3svc/apppools/enable32bitapponwin64 1。

```
<html>
<head><title>登录验证</title></head>
<body>
<%set adocon=Server.Createobject("adodb.connection")
 adocon.open"Provider=Microsoft.Jet.OLEDB.4.0;Data
Source="&Server.MapPath("webapp.mdb")
   if adocon.state=1 then
      response.write("数据库连接成功！")
   end if
 adocon.close()
%>
</body>
</html>
```

8.8　ASP 数据的增加、删除、修改、查询

8.8.1　实验目的

（1）了解 ASP 数据库的增加、删除、修改、查询的使用。
（2）重点掌握 ASP 内置对象中 Recorderset 的运用。
（3）掌握网页调试程序的方法。

8.8.2　实验内容

请设计一个网页，能实现包括增加 user_add.asp、修改 user_update.asp、查询显示网页 user_list.asp 等功能，代码及效果如下：

注意：windows 7 下要执行：cscript c:\inetpub\adminscripts\adsutil.vbs set w3svc/apppools/enable32bitapponwin64 1。

（1）增加 user_add.asp:

```
<html>
<head><title>用户添加</title></head>
```

```
<body>
<%
qr=""
id=request("id")
if session("user")<>"" then
    if id<>"" then
      if request.form("yhmima")<>"" and request.form("yhmima")<>"密码不能为空！"
and qr=""   then
    set adocon=Server.Createobject("adodb.connection")
    adocon.open"Provider=Microsoft.Jet.OLEDB.4.0;Data
Source="&Server.MapPath("webapp.mdb")
    if adocon.state=1 then
        set rs=Server.CreateObject("ADODB.recordset")
        rs.open "select * from [user] ",adocon,3,2
        rs.addnew
        rs("yhm").value=request.form("yhm")
        rs("mima").value=request.form("yhmima")
        rs("user_type").value=request.form("yhtype")
        rs("bz").value=request.form("yhbz")
        rs.update
        rs.close()
    end if
    adocon.close()
    response.redirect("user_list.asp")
    else
      qr="密码不能为空！"
    end if
    end if

    %>
欢迎<%=session("user")%>登录成功！<a href="quit.asp">退出</a>
<br>
<form method="post" action="user_add.asp?id=1">
<table border=1 width=500px>
<caption>录入用户信息表</caption>
<tr><td  height=25px  align=center>用户名</td><td><input  type=text  name=yhm>
```

```
</td></tr>
    <tr><td height=25px align=center>密码</td><td><input type=password name=yhmima>
<%=qr%></td></tr>
    <tr><td height=25px align=center>用户类型</td><td><input type=text name=yhtype>
</td></tr>
    <tr><td height=25px align=center>备注</td><td><input type=text name=yhbz></td>
</tr>
    <tr align=center><td height=25px colspan=2><input type=submit value=确定><input
type=reset value=重置></td></tr></table></form>
    <%
    else
        response.redirect("user_dl.asp")
    end if
    %>
    </body>
    </html>
```

录入用户信息界面如图 8-11 所示。

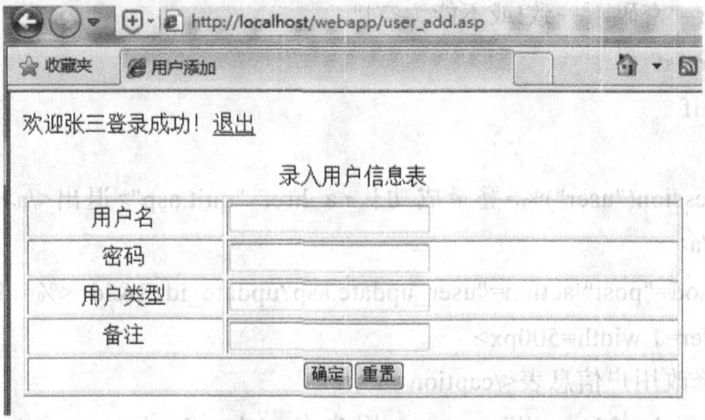

图 8-11　录入用户信息界面

（2）修改 user_update.asp：

```
    <html>
    <head><title>修改用户信息</title></head>
    <body>
    <% qr=""
        id=request("id")
        update_id=request("update_id")
    if session("user")<>"" then
```

```
        set adocon=Server.Createobject("adodb.connection")
        adocon.open"Provider=Microsoft.Jet.OLEDB.4.0;Data
Source="&Server.MapPath("webapp.mdb")
        if adocon.state=1 then
            set rs=Server.CreateObject("ADODB.recordset")
            rs.open "select * from [user] where id="&id,adocon,3,2
            if update_id=1 then
                if request.form("yhmima")=request.form("qryhmima") and request.form("yhmima")
<>"" and request.form("qryhmima")<>"" and qr="" and request.form ("yhmima")<>"密码不
一致！或不能为空！" then
                    rs("yhm").value=request.form("yhm")
                    rs("mima").value=request.form("yhmima")
                    rs("user_type").value=request.form("yhtype")
                    rs("bz").value=request.form("yhbz")
                    rs.update
                    response.redirect("user_list.asp")
                else
                qr="密码不一致!或不能为空!"
                end if
            end if
        %>
    欢迎<%=session("user")%>登录成功！ <a href="quit.asp">退出</a><a href="user_
list.asp">返回</a>
    <form method="post" action="user_update.asp?update_id=1&id=<%=id%>">
    <table border=1 width=500px>
    <caption>修改用户信息表</caption>
    <tr ><td height=25px align=center>用户名</td><td><input type=text name=yhm
value='<%=rs("yhm")%>' ></td></tr>
    <tr><td height=25px align=center>密码</td><td><input type=password name=
yhmima><%=qr%></td></tr>
    <tr ><td height=25px align=center>确认密码</td><td><input type=password name=
qryhmima><%=qr%></td></tr>
    <tr ><td height=25px align=center>用户类型</td><td><input type=text name=yhtype
value='<%=rs("user_type")%>' ></td></tr>
    <tr ><td height=25px align=center>备注</td><td><input type=text name=yhbz
value='<%=rs("bz")%>'></td></tr>
```

```
<tr align=center><td height=25px colspan=2><input type=submit value=确定><input
type=reset value=重置></td></tr></table></form>
<%
    rs.close()
end if
adocon.close()
else
    response.redirect("user_dl.asp")
end if
%>
</body>
</html>
```

修改用户信息界面如图 8-12 所示。

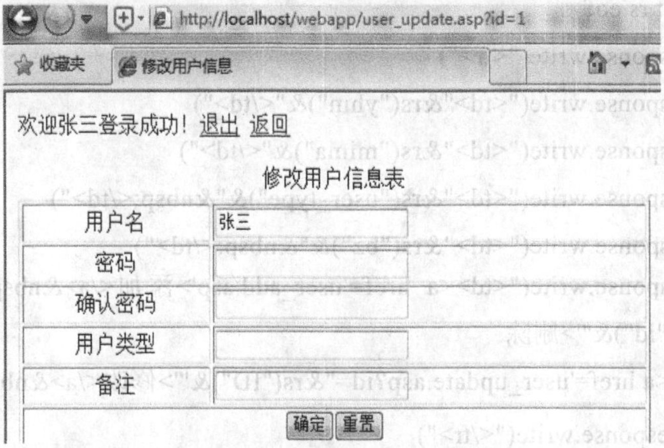

图 8-12　修改用户信息界面

（3）查询显示网页 user_list.asp：

```
<html>
<head><title>用户列表信息</title></head>
<body>
<% delete_id=request("id")
if session("user")<>"" then
    set adocon=Server.Createobject("adodb.connection")
    adocon.open"Provider=Microsoft.Jet.OLEDB.4.0;Data
Source="&Server.MapPath("webapp.mdb")
    if adocon.state=1 then
    set rs=Server.CreateObject("ADODB.recordset")
```

```
        if delete_id<>"" then
            rs.open "delete from [user] where id="&delete_id,adocon,3,2
        end if
        rs.open "select * from [user] ",adocon,3,2
      %>
    欢迎<%=session("user")%>登录成功！ <a href="quit.asp">退出</a>
    <br>
    <table border=1 width=500px>
    <caption>用户信息表</caption>
    <tr  align=center><td  height=25px>用户名</td><td>密码</td><td>用户类型</td>
<td>备注</td><td>操作</td></tr>
    <%
       while not rs.eof
            response.write("<tr>")
            response.write("<td>"&rs("yhm")&"</td>")
            response.write("<td>"&rs("mima")&"</td>")
            response.write("<td>"&rs("user_type")&" </td>")
            response.write("<td>"&rs("bz")&" </td>")
            response.write("<td><a  href='user_add.asp'>添加</a> <a  href='user_
list.asp?id="&rs("id")&"'>删除
    </a> <a href='user_update.asp?id="&rs("ID")&"'>修改</a> </td>")
             response.write("</tr>")
            rs.movenext
       wend
       rs.close()
    end if
    adocon.close()
    else
       response.redirect("user_dl.asp")
    end if
    %>
    </body>
    </html>
```

查询显示网页如图 8-13 所示。

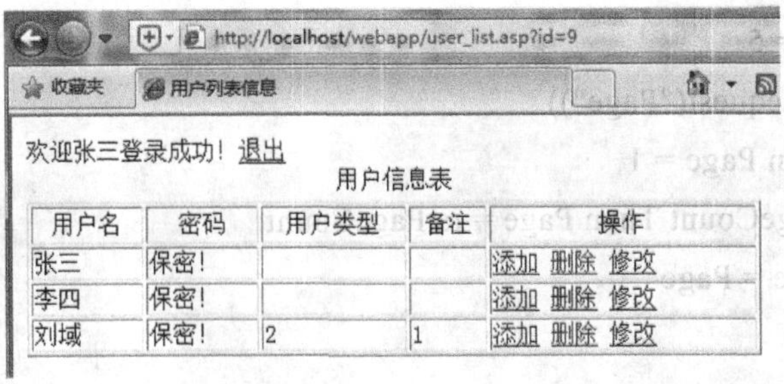

图 8-13　查询显示网页

8.9　ASP 数据的查询分页

8.9.1　实验目的

（1）了解 ASP 数据库的查询分页的使用。
（2）重点掌握 ASP 内置对象中 Recorderset 的运用。
（3）掌握网页调试程序的方法。

8.9.2　实验内容

请设计一个网页，能实现查询分页显示网页 user_list.asp 功能，代码及效果如下：

注意：windows 7 下要执行：cscript c:\inetpub\adminscripts\adsutil.vbs set w3svc/apppools/enable32bitapponwin64 1。

查询分页显示网页 user_list.asp:

```
<html>
<head><title>用户列表信息</title></head>
<body>
<%
    set adocon=Server.Createobject("adodb.connection")
    adocon.open"Provider=Microsoft.Jet.OLEDB.4.0;Data
Source="&Server.MapPath("webapp.mdb")
    if adocon.state=1 then
    set rs=Server.CreateObject("ADODB.recordset")
     rs.open "select * from [user] ",adocon,3,2
```

```
        PageSize = 5
    Page = CLng(Request("Page"))
    if Page < 1 Then Page = 1
    If Page > rs.PageCount Then Page = rs.PageCount
    rs.AbsolutePage = Page
        %>
    <br>
    <table border=1 width=500px>
    <caption>用户信息表</caption>
    <tr  align=center><td  height=25px> 用 户 名 </td><td> 密 码 </td><td> 用 户 类 型
</td><td>备注</td></tr>
    <%
      For iPage = 1 To rs.PageSize
            response.write("<tr>")
            response.write("<td>"&rs("yhm")&"</td>")
            response.write("<td>"&rs("mima")&"</td>")
            response.write("<td>"&rs("user_type")&" </td>")
            response.write("<td>"&rs("bz")&" </td>")
            response.write("</tr>")
            rs.movenext
      If rs.EOF Then Exit For
      Next
    Response.Write "<tr align=center><td colspan=4>"
    If Page <> 1 Then
    Response.Write "<tr align=center><td colspan=4><A HREF=user_list.asp?Page=1>第
一页</A>"
    Response.Write "<A HREF=user_list.asp?Page=" & (Page-1) & ">上一页</A>"
    End If
    If Page <> rs.PageCount Then
    Response.Write "<A HREF=user_list.asp?Page="&(Page+1)& ">下一页</A>"
    Response.Write "<A HREF=user_list.asp?Page="&rs.PageCount & ">最后一页</A>"
    End If
    Response.write"页码: " & Page & "/" & rs.PageCount & "</font></td></tr></table>"
    rs.close()
    adocon.close()
    end if
```

```
%>
</body>
</html>
```

查询分页显示网页如图 8-14 所示。

用户信息表

用户名	密码	用户类型	备注
luyu1	123456		
luyu12	123456		
luyu13	123456		
luyu14	123456		
luyu15	123456		
luyu16	123456		
luyu17	123456		
luyu18	123456		
luyu19	123456		
luyu101	123456		
下一页最后一页页码：1/3			

图 8-14　查询分页显示网页

8.10　ASP 动态网站综合实例

8.10.1　实验目的

（1）了解 ASP 动态网站与静态网页的区别。

（2）重点掌握客户端验证、ASP 内置页跳转机制的运用。

（3）掌握数据库连接及数据处理的方法。

（4）掌握网页调试程序的方法。

8.10.2　实验内容

请设计一个显示访问网站计数器的网页，能实现包括用户登 dl.asp、登录验证 dlyz.asp、增加 user_add.asp、修改 user_update.asp、查询显示网页 user_list.asp 等功能，代码及效果如下：

注意：windows 7 下要执行：cscript c:\inetpub\adminscripts\adsutil.vbs set w3svc/apppools/enable32bitapponwin64 1。

（1）用户登录 dl.asp：

```
<%session("user")=""%>
```

```
<html>
<head>

<title>用户登录</title>
</head>
<body>
<form action="dlyz.asp" method="post" name="form1">
<center><table border="1" width="400px" >
<caption>用户登录</caption>
<tr>
<td>用户名：</td>
<td><input type="text" name="yhm"></td>

</tr>
<tr>
<td>密 码：</td>
<td><input type="password" name="yhmima"></td>
</tr>
<tr ><td colspan="2"><button type="button" onclick="yhyz()">提交</button><button
type="reset">重置</button></td></tr>
</table></center>
</form>
<script language="javascript">
        function yhyz()
         { if (document.form1.yhm.value=="" )
              {alert("用户名不能为空！");
              }
           else
           if (document.form1.yhmima.value=="" )
              {alert("密码不能为空！"); }
          else
              {
                  document.form1.submit();
              }

           }
```

```
</script>
</body>
</html>
```

用户登录界面如图 8-15 所示。

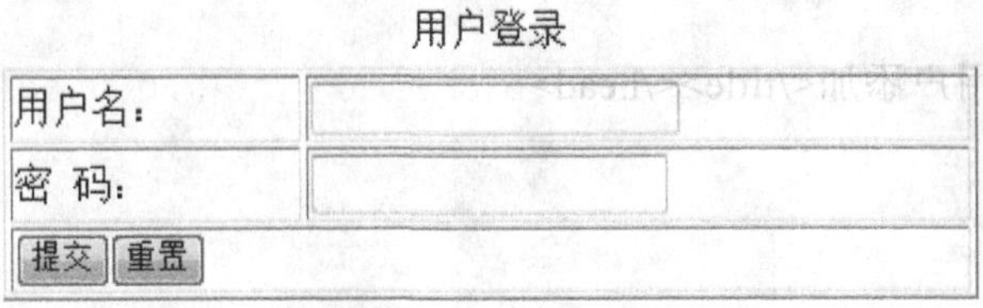

图 8-15　用户登录界面

（2）登录验证 user_dlyz.asp：

```
<html>
<head><title>登录验证</title></head>
<body>
<%yhname=request.form("yhm")
  yhmm=request.form("yhmima")
  set adocon=Server.Createobject("adodb.connection")
  adocon.open"Provider=Microsoft.Jet.OLEDB.4.0;Data 
Source="&Server.MapPath("webapp.mdb")
  if adocon.state=1 then
   set rs=Server.CreateObject("ADODB.recordset")
   rs.open "select * from [user] where yhm='"&yhname&"' and mima= '"&yhmm&"'", 
adocon,3,2
  if not rs.eof then
        session("user")=yhname
        response.redirect("list_data.asp")
  else
        response.redirect("dl.asp")
  end if

  rs.close()
  end if
 adocon.close()
   response.write(yhname&" "&yhmm&"select * from [user] where yhm= '"&yhname&"' 
and mima='"&yhmm&"'")
```

```
%>
</body>
</html>
```

（3）增加 user_add.asp:

```
<html>
<head><title>用户添加</title></head>
<body>
<%
qr=""
id=request("id")
if session("user")<>"" then
    if id<>"" then
     if request.form("yhmima")<>"" and request.form("yhmima")<>"密码不能为空！"
and qr=""   then
    set adocon=Server.Createobject("adodb.connection")
    adocon.open"Provider=Microsoft.Jet.OLEDB.4.0;Data
Source="&Server.MapPath("webapp.mdb")
    if adocon.state=1 then
        set rs=Server.CreateObject("ADODB.recordset")
        rs.open "select * from [user] ",adocon,3,2
        rs.addnew
        rs("yhm").value=request.form("yhm")
        rs("mima").value=request.form("yhmima")
        rs("user_type").value=request.form("yhtype")
        rs("bz").value=request.form("yhbz")
        rs.update
        rs.close()
    end if
    adocon.close()
    response.redirect("user_list.asp")
    else
     qr="密码不能为空！"
    end if
    end if

    %>
```

```
欢迎<%=session("user")%>登录成功！<a href="quit.asp">退出</a>
<br>
<form method="post" action="user_add.asp?id=1">
<table border=1 width=500px>
<caption>录入用户信息表</caption>
<tr><td height=25px align=center>用户名</td><td><input type=text name=yhm></td></tr>
<tr><td height=25px align=center>密码</td><td><input type=password name=yhmima><%=qr%></td></tr>
<tr><td height=25px align=center>用户类型</td><td><input type=text name=yhtype></td></tr>
<tr><td height=25px align=center>备注</td><td><input type=text name=yhbz></td></tr>
<tr align=center><td height=25px colspan=2><input type=submit value=确定><input type=reset value=重置></td></tr></table></form>
<%
else
   response.redirect("user_dl.asp")
end if
%>
</body>
</html>
```

录入用户信息界面如图 8-16 所示。

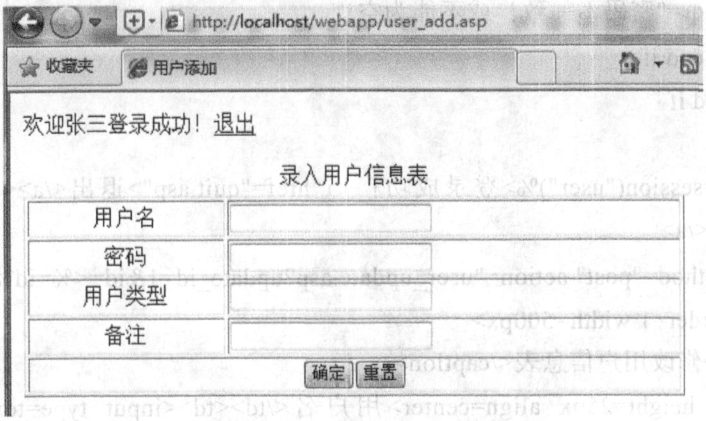

图 8-16　录入用户信息界面

（4）修改 user_update.asp:

```
<html>
```

```
<head><title>修改用户信息</title></head>
<body>
<% qr=""
    id=request("id")
    update_id=request("update_id")
if session("user")<>"" then
    set adocon=Server.Createobject("adodb.connection")
    adocon.open"Provider=Microsoft.Jet.OLEDB.4.0;Data
Source="&Server.MapPath("webapp.mdb")
    if adocon.state=1 then
        set rs=Server.CreateObject("ADODB.recordset")
        rs.open "select * from [user] where id="&id,adocon,3,2
        if update_id=1 then
            if request.form("yhmima")=request.form("qryhmima") and request.form("yhmima")
<>"" and request.form("qryhmima")<>"" and qr="" and request.form("yhmima")<>"密码不
一致!或不能为空!" then
        rs("yhm").value=request.form("yhm")
            rs("mima").value=request.form("yhmima")
            rs("user_type").value=request.form("yhtype")
            rs("bz").value=request.form("yhbz")
            rs.update
            response.redirect("user_list.asp")
            else
            qr="密码不一致！或不能为空!"
            end if
        end if
    %>
欢迎<%=session("user")%>登录成功！ <a href="quit.asp">退出</a><a href="user_
list.asp">返回</a>
<form method="post" action="user_update.asp?update_id=1&id=<%=id%>">
<table border=1 width=500px>
<caption>修改用户信息表</caption>
<tr ><td height=25px align=center>用户名</td><td><input type=text name=yhm
value='<%=rs("yhm")%>' ></td></tr>
<tr ><td height=25px align=center>密码</td><td><input type=password name=
yhmima><%=qr%></td></tr>
```

```
<tr ><td height=25px align=center>确认密码</td><td><input type=password name=qryhmima ><%=qr%></td></tr>
<tr ><td height=25px align=center>用户类型</td><td><input type=text name=yhtype value='<%=rs("user_type")%>' ></td></tr>
<tr ><td height=25px align=center>备 注 </td><td><input type=text name=yhbz value='<%=rs("bz")%>'></td></tr>
<tr align=center><td height=25px colspan=2><input type=submit value=确定><input type=reset value=重置></td></tr></table></form>
<%
    rs.close()
end if
adocon.close()
else
    response.redirect("user_dl.asp")
end if
%>
</body>
</html>
```

修改用户信息界面如图 8-17 所示。

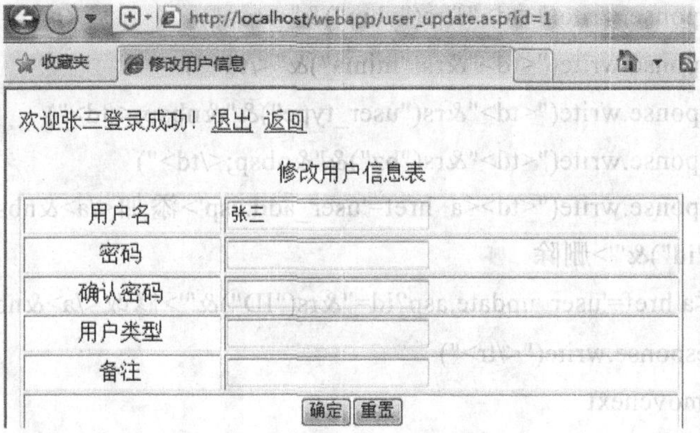

图 8-17　修改用户信息界面

（5）查询显示网页 user_list.asp:

```
<html>
<head><title>用户列表信息</title></head>
<body>
<% delete_id=request("id")
if session("user")<>"" then
```

```
        set adocon=Server.Createobject("adodb.connection")
        adocon.open"Provider=Microsoft.Jet.OLEDB.4.0;Data
Source="&Server.MapPath("webapp.mdb")
        if adocon.state=1 then
        set rs=Server.CreateObject("ADODB.recordset")
         if delete_id<>"" then
             rs.open "delete from [user] where id="&delete_id,adocon,3,2
         end if
         rs.open "select * from [user] ",adocon,3,2
        %>
    欢迎<%=session("user")%>登录成功！<a href="quit.asp">退出</a>
    <br>
    <table border=1 width=500px>
    <caption>用户信息表</caption>
    <tr  align=center><td  height=25px> 用 户 名 </td><td> 密 码 </td><td> 用 户 类 型
</td><td>备注</td><td>操作</td></tr>
    <%
        while not rs.eof
             response.write("<tr>")
             response.write("<td>"&rs("yhm")&"</td>")
             response.write("<td>"&rs("mima")&"</td>")
             response.write("<td>"&rs("user_type")&" </td>")
             response.write("<td>"&rs("bz")&" </td>")
             response.write("<td><a  href='user_add.asp'>添加</a> <a  href='user_
list.asp?id="&rs("id")&"'>删除
    </a> <a href='user_update.asp?id="&rs("ID")&"'>修改</a> </td>")
              response.write("</tr>")
             rs.movenext
        wend
        rs.close()
    end if
    adocon.close()
    else
        response.redirect("user_dl.asp")
    end if
    %>
```

```
</body>
</html>
```

查询显示页面如图 8-18 所示。

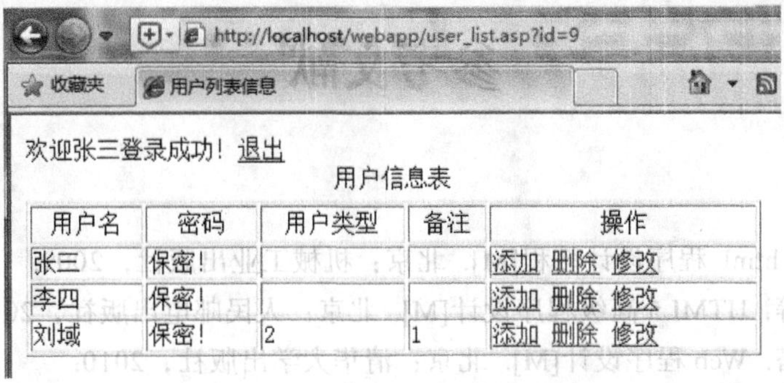

图 8-18　查询显示网页

参考文献

[1] 常永英. html 程序设计教程[M]. 北京：机械工业出版社，2009.

[2] 柳伯斯等. HTML5 高级程序设计[M]. 北京：人民邮电出版社，2011.

[3] 塞巴斯塔. Web 程序设计[M]. 北京：清华大学出版社，2010.

[4] 吉根林. Web 程序设计[M]. 北京：电子工业出版社，2014.